SOS 儿童安全·自然安全

危险的雷雨天

儿童安全教育课题编写组／主编

北京联合出版公司
Beijing United Publishing Co.,Ltd.

图书在版编目(CIP)数据

自然安全：危险的雷雨天 / 儿童安全教育课题编写组主编. -- 北京：北京联合出版公司, 2018.4
（SOS儿童安全）
ISBN 978-7-5596-1694-4

Ⅰ. ①自… Ⅱ. ①儿… Ⅲ. ①安全教育 – 儿童读物
Ⅳ. ①X956-49

中国版本图书馆CIP数据核字(2018)第022891号

SOS儿童安全·自然安全·危险的雷雨天

主　　编：儿童安全教育课题编写组
策　　划：话小屋
文　　字：林玉萍　西　西　话小屋等
责任编辑：夏应鹏
特约编辑：薛　彬　刘　莹

北京联合出版公司出版
（北京市西城区德外大街83号楼9层　100088）
印刷：北京鑫益晖印刷有限公司
开本：710 × 1000毫米　1/16　印张：16　字数：80千
2018年4月第1版　2018年4月第1次印刷
ISBN 978-7-5596-1694-4
定价：128.00元（全8册）

平安成长，比成功更重要！
平安成长，让妈妈更放心！

国际上最新颁布的《儿童十大安全宣言》：

1. 平安成长比成功更重要；
2. 背心、裤衩覆盖的地方不许别人摸；
3. 生命第一，财产第二；
4. 小秘密要告诉妈妈；
5. 不喝陌生人的饮料，不吃陌生人的糖果；
6. 不与陌生人说话；
7. 遇到危险可以打破玻璃，破坏家具；
8. 遇到危险可以自己先跑；
9. 不保守坏人的秘密；
10. 必要的时候，坏人可以骗。

中国的儿童安全教育理念，是否也应该与时俱进，与国际同步而行呢？近年来，儿童意外事故时有发生。我们经常能看到一些相关事故的报道，无一不让人心头发颤，惋惜不已。而这其中有相当多的事故是完全可以避免的，悲剧正是因为儿童缺乏自我保护能力和最基本的安全常识导致的。

因此，我们儿童安全教育课题编写组编写了这套SOS儿童安全绘本，融入了国际最新的儿童安全教育理念，以防患于未然为前提，以排除一切可能发生在孩子身边的危险因素、防止意外事故的发生为目标，不仅要让孩子们懂得安全知识，还要让孩子们知道应对危险时的处理方法，以便在危险来临的时候有效地保护好自己。

这套儿童安全课题教材，根据中国以及国际上最新统计的儿童安全多发事件编写，聚焦**24**个安全大主题，**200**多个安全点。包括**“公共安全”“居家安全”“校园安全”“交往安全”“自然安全”“行为安全”“饮食安全”“物品安全”**八大方面，涵盖食品卫生、交通出行、防止意外发生以及意外发生后的处理、面对突发事件的应急处理等多方面的安全问题，指导家长解决最常见的儿童安全自护和安全教育问题。它的题材来源于生活，并以生动的童话故事形式对孩子展开全面的安全自护教育，使安全教育变得生动有效。

让全社会都重视起来，科学、正确地理解和把握安全教育的含义和核心，走出安全教育的误区，让我们的孩子牢记“儿童安全宣言”，让一切不安全的因素远离我们的孩子！让我们的孩子平安成长，让全中国的妈妈更放心！

儿童安全教育课题编写组

2017年12月

目录

自然安全

小猫落水了

安全宣言：去找大人救

“啦啦啦，啦啦啦……”小猫唱着歌，蹦蹦跳跳地走在树林里的小路上。

前些日子小猫参加了游泳班，跟着白鹅老师学游泳，在游泳池里扑腾了好长时间，还呛(qiāng)了几口水，小猫终于学会游泳啦。

不会游泳的时候，小猫挺怕水的；一学会游泳，小猫就老想下水游。可惜游泳课不是天天有，爸爸妈妈也没时间带他去游泳馆，所以，小猫就自己偷偷溜了出来，他要到旁边的小河里游泳去！

小河流水哗啦啦，小猫的心情真好呀！河水清清的，还有好多小鱼在游来游去，阳光照下来，在河底光洁的鹅卵石上投下浅浅的影子。小猫的手一伸进去，原来静止不动的小鱼就四散开来，一下子不见了。小猫乐得“咯咯”直笑。

小猫脱了衣服，正想下水，忽然想起白鹅老师说过，下水之前要先做热身运动。小猫认认真真地做了几遍热身运动，还撩（liāo）起河里的水泼在身上，让身体适应一下水的温度。白鹅老师说过，这样可以避免抽筋。要是在水里抽了筋，那就危险了。

准备工作做好了，下水！小猫“扑通”一下跳到河里，像只小青蛙一样一蹬(dēng)一蹬地游了起来，没几下就蹿(cuān)出去好远。

？要是你游泳的时候，腿蹬不动了，要怎么做才好呢？

河水不冷不热，温和地贴着小猫的皮肤，小小的水花在小猫身边开了又谢，还有晶莹的水珠蹦起来，又像唱歌一样“叮咚叮咚”落下去。小猫乐呵呵地想：游泳真开心！

游着游着，小猫离岸边越来越远了。小猫有点累了，回去歇一会儿吧！小猫掉头往回游。

咦，是什么在拽（zhuài）小猫的腿？小猫的腿蹬不动了，他一下子慌了手脚，在水里扑腾起来，没两下就喝了一口水。小猫吓坏了，使劲儿地喊：“救命，救命！”

从树丛里跑出来几个小朋友，小羊、小猪、小鸡，还有小鸭子。看到小猫在水里挣扎，小羊着急地冲向河边，小猪赶紧拽住他：“小羊，你也不会游泳啊！”小鸭说：“我会游泳，可是我力气小，拽不动小猫。”小鸡说：“我们应该去叫大人。小羊，你跑得快，快去！”小羊转身边跑边喊：“小猫落水啦，快来救他呀！”

小猪、小鸡、小鸭在岸上给小猫打气：“小猫，坚持住！”小猫喝了好多水，一下沉下去，一下冒出来……突然，他的手碰到了一根枯树干！小猫赶紧抓住树干，吃力地趴在上面。这时候，小猫才觉得后怕，眼泪忍不住往下掉。小鸭说：“马上有人来救你了，坚持住！”

枯树干可以浮在水面上。竹竿、铁棒、泡沫，这三样东西中，哪两样也能浮在水面上呢？

很快，小羊带着鸭妈妈跑来了，鸭妈妈潜到水底下一看，原来小猫的腿被水草缠住了。鸭妈妈啄断水草，驮着小猫上了岸。岸上的小伙伴们看到小猫得救了，都欢呼起来。

鸭妈妈说：“小朋友不可以自己下河游泳，一定要有大人陪同，你们要牢牢记住啊！”小猫狠狠地点了点头，他已经意识到了问题的严重性，他再也不会犯这样的错误了。

杨磊／图

SOS安全知识要记牢

小朋友应该学习的

小朋友，小猫独自偷偷到河里游泳是不对的，千万不要学。下面哪些行为是正确的，哪些是错误的？请给正确的打上“√”，错误的打上“×”。

◯ 1. 独自一个人去游泳。

◯ 2. 下水前做热身运动。

◯ 3. 请家人带你去游泳池游泳。

◯ 4. 看到有人溺水，向周边的大人求救。

爸爸妈妈应该知道的

❶ 孩子游泳必须有父母陪同，父母要根据孩子的水性、年龄、身高等因素，选择安全系数较高的水位区域游泳。

❷ 孩子感冒痊愈后的 1 ~ 2 周内不宜游泳。

❸ 下水前，让孩子养成先做准备活动的习惯，活动四肢，还可以用冷水擦身，适应水温。

❹ 游泳前不要给孩子吃过多食物。一旦食物压到气管，容易造成窒息。

❺ 给孩子准备的泳衣、泳帽等要合适，不要选择需将绳子系到颈部的泳帽或泳衣，以免发生意外。还可以准备一副耳塞，预防因进水而引发中耳炎。

❻ 游泳后让孩子洗澡，并立即刷牙或漱口。一方面避免游泳池水中的化学药剂留在皮肤上，造成皮肤过敏；另一方面避免游泳池水中的漂白粉侵蚀孩子的牙齿。

答案：1.× 2.√ 3.√ 4.√

危险的雷雨天

安全宣言：不在雷雨天出去玩

小熊、小猴、小公鸡、小鸭子，四个好伙伴，一起去郊游。一路走，一路说着话，开开心心，一路走到山脚下。正要开始爬山，天边飘来一朵乌云，一朵一朵又一朵，很快就把天空遮得严严实实。

小公鸡看看天，着急地说：“火烧乌云盖，大雨来得快。要下雨了！怎么办？我不要变成落汤鸡……”

小鸭子说：“下点儿雨怕啥？雨里的风景更有趣！”

小熊说：“我带了大雨衣，你可以钻到我的雨衣里。”小公鸡笑嘻嘻地钻到了小熊的雨衣里，拽着长长的雨衣斗篷，跟在小熊后面。

小猴也带了雨衣，他让小鸭子也钻进自己的雨衣里，小鸭子说：“我不怕，我不去！”

正说着呢，“轰隆隆”炸雷响，“咔嚓嚓”，闪电一个接一个劈下来，小鸭子吓得一下子钻进小猴的雨衣里。小猴松了一口气，说：“雨衣是塑料的，不导电，所以雨衣既可以挡雨，还可以防雷电。对了，你们身上有没有什么金属的东西，金属可能会引来雷电哦，快摘下来。”小公鸡的脖子上挂着一个铁哨子，他赶紧摘了下来。

雨下得这么大，不能再去爬山了，大家转身往回走。

小猴指着路边的大树说：“我们到树底下休息一下吧！”小熊急忙摆手说：“不行不行，雷雨天不能躲在大树下，大树那么高，很容易引来雷电！”小公鸡小声嘀咕（dí gu）：“我不信，我累了，我要休息！”

小公鸡朝大树那边跑去，“轰隆”“咔嚓”……一道闪电劈在大树上，一截树枝被劈断，冒着烟掉了下来，小公鸡吓得一动也不动。小熊跑过来，把小公鸡挡在雨衣下：“快离开这儿！多危险啊，你要是跑到了树底下，就被闪电烧成烤鸡啦！”

一群小伙伴离开了大树，也离开了高处，沿着低一点的小路往前走。小熊说：“前面有条小河，不知道河水涨了没有。”

走到跟前一看，哎呀，小河变成大河了！河面比原来宽了好几倍，河水变得浑浑的。小猴四处看了看：“小桥呢？是不是被淹了？咱们快找找。”小鸭子说：“我会游泳，我去找！”小熊赶紧拉住他：“别去！水流这么急，一下水就把你冲跑了，万一水里有大石头什么的，碰伤你就惨了……哎呀，你们看！”

从上游漂过来一棵折断的大树，被水流带着飞快地从他们面前冲了过去。好险，好险！幸好小鸭子没有下水！

回去的路断了。现在怎么办呢？

小猴突然想起来：“来的时候咱们从这里经过，我记得那边有个小木屋，咱们再往回走走就到了！”

大家一起往回走。走啊，走啊，真的有一座小木屋在路边！太好了！大家欢呼着钻进去。今天晚上，就住在这里啦。

杨思帆／图

明天雨就应该停了，再等等，河水就会退了吧？那时就可以回家了！

这次郊游真辛苦啊。小鸭子说：“还是小公鸡说得对，早知道今天有大雷雨，咱们就不出来玩了。”

大家都点点头。是啊，以后再出来，一定避开雷雨天！

小朋友应该学习的

小朋友，去郊游前最好先看看天气预告，以免发生危险。遇到雷雨天气时，下面哪些行为是正确的，哪些是错误的？请给正确的打上“√”，错误的打上“×”。

- ◯ 1. 立即到附近的社区中心、商场等大型建筑物里避雨。
- ◯ 2. 躲在大树或广告牌下。
- ◯ 3. 穿上雨衣打上伞到街上玩水。
- ◯ 4. 把身上所有的金属物品拿下来。

爸爸妈妈应该知道的

❶ 雷雨天气时，不能用太阳能热水器洗澡，如果正在给孩子洗澡，要马上停下来。

❷ 雷雨天尽量不要使用电器，最好拔掉电源插头，防止雷电从电源传入。

❸ 告诉孩子，雷雨天气，无论正在户外做什么，都应该马上停下来，进入室内躲雨。

❹ 户外哪些地方是安全的避雨场所，在哪些地方躲雨有危险，都应该提前告诉孩子。

答案：1.√ 2.× 3.× 4.√

轰隆轰隆

安全宣言：地震时正确逃生

小鹿快要放学了，鹿妈妈为小鹿准备好了水果，然后出门去买菜。

看动画片时间太长，会对眼睛不好。你知道看多久就要休息一会儿吗？

幼儿园放学了，小鹿、小羊、小熊蹦蹦跳跳往家走。他们住在同一栋楼里，小鹿家住七楼，小羊家住九楼，小熊家住五楼，三个小伙伴经常一起玩。今天他们约好了，放学后去小鹿家，一起看动画片。

705

三个小伙伴边吃东西边看动画片，咦，电视机的画面怎么抖起来了？茶几上的水果和遥控器也在抖，这是怎么啦？紧接着，整栋大楼都晃了起来，小鹿喊起来：“哎呀，地震了！”

大家赶紧往外跑，小鹿想按电梯，小熊说：“不能坐电梯，万一停电，或者电梯绳被震断了就惨了！咱们走楼梯！”

三个小伙伴正要往楼梯口跑，大楼晃得更厉害了，石头和泥块像下雨一样噼里啪啦往下掉。小鹿急得想从走廊（láng）里的窗户跳出去，小熊一把拽住他：“从这么高的地方跳下去，会摔成肉泥的！我们快回房间躲起来！”

小羊和小熊拉着小鹿，赶紧跑回房间里，一头钻进了厨房的桌子底下。三个小伙伴刚躲好，就听见“轰隆隆”“哗”“扑通”……一阵惊天动地的响声，大楼塌了。三个小伙伴一下子撞到了墙壁上，幸好房间没塌，只是一面墙搭在了另一面墙上。

屋子里黑洞洞的，小羊被乱飞的灰土呛得直咳嗽，小鹿又怕又难受，忍不住哭了。只听见小熊瓮(wèng)声瓮气地说：“别哭，我们都在这儿呢。来，拉着我的手……”

三个小伙伴蹲在地上，手拉着手。过了好久，空气没那么呛了，三个小伙伴开始轻轻说话。小羊说：“不如咱们想想，出去以后要做什么？”小鹿高兴起来：“我要去海边旅游，看看蓝蓝的大海……”小熊说：“我想去野营……”

又不知道过了多久，三个小伙伴饿得肚子“咕咕”叫，小羊说：“我口袋里有巧克力，大家分着吃吧。”小鹿也小声说：“我有两个橘子……”三个小伙伴吃了东西，迷迷糊糊地睡着了。

不知道过了多久，外面传来车辆的响声、人的说话声，还有“轰隆轰隆”的挖掘(jué)声……救援队来了！三个小伙伴激动得喊起来：“我们在这里！我们在这里！”只听到有人对他们喊道：“孩子们别怕，我们马上就来救你们！”

挖掘声越来越近，忽然，三个小伙伴眼前一亮，他们被救出来了！几个穿制服的叔叔把他们抱了出来。

爸爸妈妈把小家伙们抱在怀里，激动得眼泪直流。听三个小家伙讲了他们在地震中保护自己的故事，爸爸妈妈都夸他们又聪明又勇敢！

小朋友应该学习的

小朋友，虽然地震不会经常发生，但是学习一些地震知识是很有用的。请判断一下，发生地震时，以下哪些做法是正确的，哪些是错误的？请给正确的打上“√”，错误的打上“×”。

- ◯ 1. 首先要保护自己的头部不被掉落的东西砸伤。
- ◯ 2. 如果地震发生时你正在楼房里，急忙跳下楼去逃生。
- ◯ 3. 躲在桌子、柜子等家具的下面，不要去露台和窗子附近。
- ◯ 4. 地震后被埋在建筑物里时，要把压在自己肚子以上部位的物体移开，然后用衣服捂住嘴和鼻子，防止吸入太多的粉尘。

爸爸妈妈应该知道的

❶ 告诉孩子，发生地震时，可以自己先跑，不需要保护别人。先跑出去，再找大人来帮忙，这样能起到更好的作用。

❷ 地震时如果已经离开了房间，不要在震感刚停的时候就立刻回屋去取东西，避免余震发生时被困住。

❸ 在街上遇到地震时，不要跑到建筑物里躲避，也不要站在高楼或是广告牌下，应该护住头部躲在远离高楼的街心一带。

答案：1.√ 2.× 3.√ 4.√

安全知识小游戏

小朋友，你认识下面这些安全标识吗？每一个安全标识分别代表什么意思呢？请你连一连吧。

• 　　　　• 禁止跳下

• 　　　　• 进入施工现场必须戴安全帽

• 　　　　• 当心火灾

SOS 儿童安全·行为安全

小公鸡爬阳台

儿童安全教育课题编写组／主编

北京联合出版公司
Beijing United Publishing Co.,Ltd.

图书在版编目(CIP)数据

行为安全：小公鸡爬阳台 / 儿童安全教育课题编写组主编. -- 北京：北京联合出版公司, 2018.4
（SOS儿童安全）
ISBN 978-7-5596-1694-4

Ⅰ. ①行… Ⅱ. ①儿… Ⅲ. ①安全教育－儿童读物 Ⅳ. ①X956-49

中国版本图书馆CIP数据核字(2018)第022480号

SOS儿童安全·行为安全·小公鸡爬阳台

主　　编：儿童安全教育课题编写组
策　　划：话小屋
文　　字：林玉萍　西　西　话小屋等
责任编辑：夏应鹏
特约编辑：薛　彬　刘　莹

北京联合出版公司出版
（北京市西城区德外大街83号楼9层　100088）
印刷：北京鑫益晖印刷有限公司
开本：710×1000毫米　1/16　印张：16　字数：80千
2018年4月第1版　2018年4月第1次印刷
ISBN 978-7-5596-1694-4
定价：128.00元（全8册）

平安成长，比成功更重要！
平安成长，让妈妈更放心！

国际上最新颁布的《儿童十大安全宣言》：

1. 平安成长比成功更重要；
2. 背心、裤衩覆盖的地方不许别人摸；
3. 生命第一，财产第二；
4. 小秘密要告诉妈妈；
5. 不喝陌生人的饮料，不吃陌生人的糖果；
6. 不与陌生人说话；
7. 遇到危险可以打破玻璃，破坏家具；
8. 遇到危险可以自己先跑；
9. 不保守坏人的秘密；
10. 必要的时候，坏人可以骗。

中国的儿童安全教育理念，是否也应该与时俱进，与国际同步而行呢？近年来，儿童意外事故时有发生。我们经常能看到一些相关事故的报道，无一不让人心头发颤，惋惜不已。而这其中有相当多的事故是完全可以避免的，悲剧正是因为儿童缺乏自我保护能力和最基本的安全常识导致的。

因此，我们儿童安全教育课题编写组编写了这套SOS儿童安全绘本，融入了国际最新的儿童安全教育理念，以防患于未然为前提，以排除一切可能发生在孩子身边的危险因素、防止意外事故的发生为目标，不仅要让孩子们懂得安全知识，还要让孩子们知道应对危险时的处理方法，以便在危险来临的时候有效地保护好自己。

这套儿童安全课题教材，根据中国以及国际上最新统计的儿童安全多发事件编写，聚焦**24**个安全大主题，**200**多个安全点。包括**“公共安全”“居家安全”“校园安全”“交往安全”“自然安全”“行为安全”“饮食安全”“物品安全”**八大方面，涵盖食品卫生、交通出行、防止意外发生以及意外发生后的处理、面对突发事件的应急处理等多方面的安全问题，指导家长解决最常见的儿童安全自护和安全教育问题。它的题材来源于生活，并以生动的童话故事形式对孩子展开全面的安全自护教育，使安全教育变得生动有效。

让全社会都重视起来，科学、正确地理解和把握安全教育的含义和核心，走出安全教育的误区，让我们的孩子牢记“儿童安全宣言”，让一切不安全的因素远离我们的孩子！让我们的孩子平安成长，让全中国的妈妈更放心！

儿童安全教育课题编写组

2017年12月

目录

行为安全

小公鸡爬阳台

安全宣言：不爬阳台

小公鸡家住在三楼，窗外有一条大马路，楼后面有一座漂亮的大花园。小公鸡的家真漂亮，小公鸡最爱请朋友们来家里玩。

这天，小青蛙来找小公鸡，两个小伙伴玩捉迷藏。“一二三，石头剪子布！”哈，小公鸡猜拳(quán)猜赢了，小公鸡藏，小青蛙找。

小青蛙捂(wǔ)住自己的眼睛，老老实实地数了30个数。小公鸡踮(diǎn)着脚，轻手轻脚走到厨房里，藏在门后。

时间到！小青蛙东瞧瞧，西看看，一下就找到了小公鸡。小公鸡不服气：“你怎么找到我的？”小青蛙捂着嘴笑：“你没藏好，我从门缝里看到了你的鸡冠子。”小公鸡直嚷嚷：“不算不算，再来再来！”

这一次，小公鸡钻到床底下，小青蛙又找到了他。“这次你是怎么找到的？”小青蛙又笑了：“你的尾巴尖儿露在外面啦！”小公鸡的脸一下变得红彤(tōng)彤的，急忙说：“不行不行，再来再来！”小青蛙说：“这是最后一次，不准再赖(lài)皮了哦！”小公鸡点点头。

小青蛙又捂起了眼睛。

这次藏到哪里去呢？小公鸡的眼睛到处转。对了，阳台！

阳台上摆着好多花，蹲(dūn)到花盆后面去，小青蛙一定找不到！

小公鸡蹑(niè)手蹑脚走到阳台，踩在小椅子上，爬上了阳台……

可是，小公鸡一站上去就不敢动了，从阳台上看下去，感觉自己就像站在半空中，马路上的车“呜呜”地开过去，小公鸡吓得腿都软了……

小公鸡正僵(jiāng)在那儿，忽然听到一声大叫：“啊，小公鸡，你怎么在那儿，快下来！”是小青蛙的声音。小公鸡吓得一哆嗦(duō suo)，带着哭腔(qiāng)说：“我动不了了，我害怕……”小青蛙说：“你别动，我来救你！”

如果你是小公鸡，你会爬上阳台吗？为什么？

正在这时，刮过来一阵大风，呼啦一下，小公鸡没站稳，从阳台上掉了下去。他听到小青蛙在焦(jiāo)急地喊自己，可是，来不及了……小公鸡使劲儿扑棱(leng)着翅膀，想飞起来，可是身体太重了，还是一个劲儿往下掉。

呀，这是谁家的晾衣绳，小公鸡赶紧伸手去扯，他抓住了一件衣服，晃了两下，唉，衣服也被扯下来了。“咚”！小公鸡又掉到了一棵小树顶上。小树枝弯了弯，小公鸡又被弹了出去。“扑通”，小公鸡掉到了草地上，腿上一阵剧痛，疼得小公鸡眼冒金星，昏了过去……

小公鸡醒来的时候，发现自己已经在医院里了。爸爸妈妈都坐在自己身边，眼睛红红的。小公鸡看看自己，身上缠了好多绷(bēng)带，好疼啊，不过最疼的是腿，打满了石膏(gāo)。

雨青工作室／图

原来，是小青蛙拨打了120急救电话，又打电话通知了小公鸡的爸爸妈妈，把小公鸡送到了医院。

妈妈把小公鸡抱在怀里，又生气又心疼，流着眼泪说：“这次幸好你掉下来的时候，被晾衣绳和小树挡了挡，要不然……”

小公鸡也哭了：“妈妈，我以后再也不爬阳台了！”

SOS安全知识要记牢

小朋友应该学习的

小朋友，小公鸡的行为十分危险，千万不要学。下面哪些行为是正确的，哪些是错误的？请给正确的打上“√”，错误的打上“×”。

- ◯ 1. 把大半个身子探出阳台和小朋友打招呼。
- ◯ 2. 从阳台上往下扔东西。
- ◯ 3. 当玩具从阳台上掉到下一层阳台上时，要礼貌地请人帮忙捡起来。
- ◯ 4. 不在阳台上玩捉迷藏。

爸爸妈妈应该知道的

❶ 阳台上应该安装安全护栏，防止孩子从阳台上跌落。

❷ 不要把花盆摆在阳台边缘，孩子玩耍时如果撞到花盆，可能会砸伤楼下的行人，也可能砸到阳台内的孩子。

❸ 需要反锁阳台上的门时，应该先检查一下孩子是否在阳台，以免把孩子反锁在里面，发生意外。

答案：1.× 2.× 3.√ 4.√

小熊憨憨近视眼

安全宣言：保护眼睛

最近，小熊憨憨迷上了动画片，电视上好多好看的动画片呀！憨憨搬个小板凳坐在电视机前，一看就是几个小时，眼睛都快贴到屏幕上了。

熊妈妈喊小熊：“憨憨，快来外面望望远，不然会变成小近视眼哩！”

憨憨动也不动，说：“妈妈，让我再看一会儿吧，动画片太好看了。”

憨憨还喜欢看连环画，走路看，躺着也看，太阳底下看，天黑了也看，熊妈妈说：“憨憨，不要在太阳底下和暗处看书，要坐正再看呀！”

憨憨嘴里答应着，却还照样看，妈妈的话根本没听进去。

小熊憨憨做得对不对？你知道看书、看电视需要注意什么吗？

这几天，憨憨变得很不开心，因为他的眼睛好像出了点儿问题。

妈妈让憨憨帮她把蜂蜜罐拿来，要给憨憨做冰激凌和水果夹层的蜂蜜大蛋糕。软软甜甜的，别说吃，就是听听都会让人流口水啊！憨憨却没看清路，一脚绊到蜂蜜罐上，脑门摔了个大包，蜂蜜也洒了满地。

爸爸叫憨憨一起玩飞镖，憨憨可喜欢投飞镖了！可是标盘好像变模糊了，任凭憨憨怎么揉眼睛也看不清楚；飞镖也变得不听话了，偏偏飞到标盘外面，还有的根本不知去向。

憨憨气得一屁股坐到地上："不比了！不比了！"

家里的东西都欺负我，干脆出去转转。

“憨憨，你好啊！”鸡妈妈带着她的宝宝迎面打着招呼。憨憨瞪大眼睛看了半天，却看不出是谁。正在发愣，鸡妈妈生气地对宝宝们说：“以后可别学他这样没礼貌。”

小熊憨憨很委屈，赶紧去解释，可是鸡妈妈已经走远了。

“这儿的风景好美啊！”小猫咪咪拿着相机走了过来，“憨憨，你能帮我拍张照片吗？”

憨憨高兴地接过相机，可透过镜头一望，咪咪在哪儿呢？怎么也看不清。憨憨只好硬着头皮按下了快门。

“啪嗒”，照片只照到了咪咪的半张脸。

“再不相信你了。”小猫咪咪把照片使劲一扔，气冲冲地走了。

小熊憨憨很是伤心，赶紧去道歉，可咪咪已经走远了。

布克布克 / 图

憨憨垂头丧气地回家了，可是他看不清路，只能胡乱地往前走。忽然他撞到一个家伙的身上，“哈哈，自己送上门，今天我真有口福啊！”大灰狼得意忘形地叫着。

突然，小熊憨憨听到一声“小心”！他还没回过神来，只见大灰狼溜走了。原来是跟踪了几天的警察吓走了大灰狼。

“孩子，怎么连狼都敢亲近？”警察笑眯眯地抚摸着憨憨的头说。

小熊憨憨一下子扑到警察怀里，伤心地诉说：“都怪我当初没有听妈妈的话，不注意保护眼睛，现在我什么都看不清了……”好心的警察把憨憨送回了家。

虽然现在憨憨知道该怎样保护眼睛了，可坏了的眼睛是不容易恢复的。直到现在，小熊憨憨的近视眼，依然是远近闻名。

SOS安全知识要记牢

小朋友应该学习的

小朋友，保护眼睛十分重要。下面哪些行为是正确的，哪些是错误的？请给正确的打上“√”，错误的打上“×”。

○ 1. 不在强光下看书写字。

○ 2. 眼睛痒时，大力用脏手去揉眼睛。

○ 3. 看书时身体坐正，眼睛距离书本约30厘米。

○ 4. 注意不被尖锐的铅笔、竹签等危险物品弄伤眼睛。

爸爸妈妈应该知道的

❶ 教育孩子看书时身体要坐直，不要趴在桌子上看书、写字，不要躺着看书，以免造成眼睛斜视。

❷ 看书或写字时，要注意室内的照明条件，光线不要太强、太弱，最好用台灯。

❸ 看电视要保持一定距离，眼睛与屏幕尽量保持在水平位置，电视机的亮度不能开得过亮或过暗。

❹ 对患了近视眼的孩子，最好配戴适度的矫正眼镜。

❺ 教育孩子不要用手揉眼睛，要有自己专用的毛巾，保持眼睛的清洁卫生。

❻ 家人平时应注意孩子的全面营养，多吃一些蔬菜水果，补充身体所需维生素和微量元素，预防近视。

答案：1.√ 2.× 3.√ 4.√

“蜘蛛侠”大黑熊

安全宣言：不胡乱模仿

有一只大黑熊，长得又大又黑，走起路来“咚咚咚”的像地震，跑起步来“呼啦啦”的像刮龙卷风，打起喷嚏（pēn tì）“阿嚏、阿嚏”的声响像发洪水。小动物们都怕他，没有人愿意跟他一起玩，大黑熊整天一个人待着，感觉很孤单。

大黑熊喜欢看动画片，经常把自己想成动画片里的人，心里想着：我要是他们……看谁还敢不跟我玩。

大黑熊一会儿手拿“金箍棒”当孙悟空，“嘿嘿哈哈”地东拼西打。要是看见有小动物走来，大黑熊就玩得更来劲了，“呼啦”一下跳出来，对着他“噼里啪啦”地比画，吓得小动物拼命地逃。

大黑熊一会儿头戴大檐(yán)帽，手里挥舞着玩具手枪，不停地东追西追、冲冲杀杀。要是看见有小动物过来，他就趁着小动物不注意的时候跳起来大喊：“不许动！我是黑熊警长，举起手来！”接着扣动扳(bān)机，射出的橡皮子弹打在小动物身上，疼得小动物们“哇哇”叫。

大黑熊的行为对吗？为什么？

他假扮灰太狼，用锅敲小猴的脑袋，小猴差点儿被他敲晕过去……

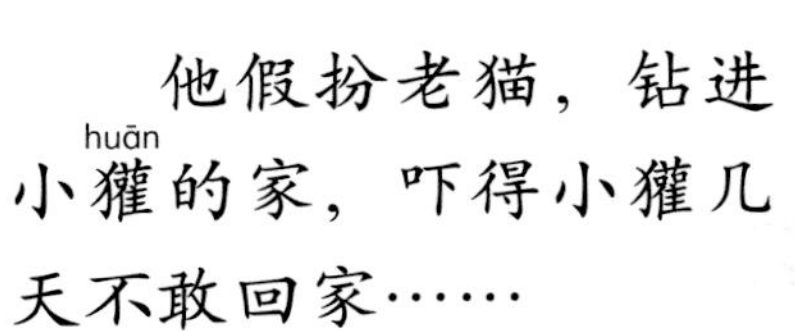

他假扮老猫，钻进小獾（huān）的家，吓得小獾几天不敢回家……

他假扮怪兽，踩烂小灰兔的蘑菇，害得小灰兔伤心了好几天……

大黑熊最喜欢模仿的是蜘蛛侠。一天，他又在模仿蜘蛛侠，身披红斗篷，跳上又跳下。他站在一块很高很大的石头上，对大家高声喊道：“黑熊蜘蛛侠来啦！”说着，“咚”地一下从石头上跳了下来。大黑熊没站稳，顿时摔得两眼直冒金星，疼得他“哎哟、哎哟”大叫起来。糟糕，大黑熊的腿被摔断了！

大黑熊被送进医院，医生告诉他要回家好好躺着。这下大黑熊不能动了，他更孤单了。

如果你也去看望大黑熊，你会对他说什么呢？

这天，小老鼠路过大黑熊家。“咦，什么味道？好难闻啊！”小老鼠捂着鼻子进去一看，原来，大黑熊奶奶常年卧病在床，大黑熊一住院，家里的饼发霉了，水缸里的水臭了，都没人管。

住在附近的邻居们听说后，忙来帮忙，将大熊家收拾得干干净净。“其实大黑熊也挺可怜的啊！”邻居们开始可怜起大黑熊。

于是，大家约好后一起来看大黑熊，小獾带来粮食、小猴带来桃子、小灰兔带来萝卜、小象带来香蕉……房间里挤得水泄不通。小羊还用青草和鲜花编织成花环，挂在大黑熊的床头。

大黑熊喃喃地说：“生病真好！还不如一直生下去……”小动物们明白了大黑熊的心思，原来大黑熊是想有人陪呀！于是大家商量了一下，每天都会有一只小动物来陪他。

过了一阵子，大黑熊的腿好了，他不再模仿电视里的角色欺负小动物了，相反，他总是想方设法地帮助大家：小猫的风筝飞不起来，他就使劲儿跑，带起风，帮助小猫把风筝放起来；遇到大坏蛋欺负小动物，他就装出很凶的样子吓走大坏蛋。大家越来越离不开大黑熊，他的朋友也越来越多。

现在，大黑熊家可热闹了，大家都喜欢去他家玩，大黑熊再也不孤单了。

赵光宇／图

小朋友应该学习的

小朋友，我们除了不要胡乱模仿电视里的人物之外，到游乐场玩时也要注意安全。下面哪些行为是正确的，哪些是错误的？请给正确的打上“√”，错误的打上“×”。

- ○ 1. 玩滑梯时不要头朝下倒着滑。
- ○ 2. 玩棍棒玩具时，和小朋友互相挥舞棍棒，追打对方。
- ○ 3. 别人玩秋千时离远一些。
- ○ 4. 玩秋千时双手握紧秋千的绳子。

爸爸妈妈应该知道的

❶ 惩恶扬善的机器人、打遍天下无敌手的武林侠士，这些动画片或电视剧中的英雄人物，很容易成为孩子盲目模仿的对象。父母应该提醒孩子分清电视与现实生活，可以简单地向孩子解释这些武打场面的合成过程，让孩子意识到胡乱模仿的危险性。

❷ 教育孩子不做危险动作，不要爬树、爬墙或从高处往下跳，玩绳子时不要用绳子套住自己或别人的脖子，不要试图拿力所不能及的东西等。

❸ 提醒孩子不要靠近危险的地方，如铁轨、河边等，不要在拥挤、有坑洞的场地进行活动，更不可随意藏入无人的地方。

❹ 帮助孩子掌握安全使用游戏器材和其他用具的方法，如剪刀、游戏棒等；让孩子懂得玩水、玩火、玩电的危险性；并且知道不要把东西随便放入口腔、鼻腔、耳内，以免发生危险。

答案：1.√2.×3.√4.√

安全知识小游戏

小朋友，你认识下面这些安全标识吗？每一个安全标识分别代表什么意思呢？请你连一连吧。

- 当心落物
- 当心作业车
- 走人行道

SOS 儿童安全·饮食安全

都是零食惹的祸

儿童安全教育课题编写组 / 主编

北京联合出版公司
Beijing United Publishing Co.,Ltd.

图书在版编目(CIP)数据

饮食安全：都是零食惹的祸 / 儿童安全教育课题编写组主编. -- 北京：北京联合出版公司, 2018.4
（SOS儿童安全）
ISBN 978-7-5596-1694-4

Ⅰ. ①饮… Ⅱ. ①儿… Ⅲ. ①饮食卫生 - 儿童读物
Ⅳ. ①R155-49

中国版本图书馆CIP数据核字(2018)第022482号

SOS儿童安全·饮食安全·都是零食惹的祸

主　　编：儿童安全教育课题编写组
策　　划：话小屋
文　　字：林玉萍　西　西　话小屋等
责任编辑：夏应鹏
特约编辑：薛　彬　刘　莹

北京联合出版公司出版
（北京市西城区德外大街83号楼9层　100088）
印刷：北京鑫益晖印刷有限公司
开本：710×1000毫米　1/16　印张：16　字数：80千
2018年4月第1版　2018年4月第1次印刷
ISBN 978-7-5596-1694-4
定价：128.00元（全8册）

本书若有质量问题，请与本公司图书销售中心联系调换：
电话：010-65519667　网址：http://www.bslbook.com

平安成长，比成功更重要！
平安成长，让妈妈更放心！

国际上最新颁布的《儿童十大安全宣言》：

1. 平安成长比成功更重要；
2. 背心、裤衩覆盖的地方不许别人摸；
3. 生命第一，财产第二；
4. 小秘密要告诉妈妈；
5. 不喝陌生人的饮料，不吃陌生人的糖果；
6. 不与陌生人说话；
7. 遇到危险可以打破玻璃，破坏家具；
8. 遇到危险可以自己先跑；
9. 不保守坏人的秘密；
10. 必要的时候，坏人可以骗。

中国的儿童安全教育理念，是否也应该与时俱进，与国际同步而行呢？近年来，儿童意外事故时有发生。我们经常能看到一些相关事故的报道，无一不让人心头发颤，惋惜不已。而这其中有相当多的事故是完全可以避免的，悲剧正是因为儿童缺乏自我保护能力和最基本的安全常识导致的。

因此，我们儿童安全教育课题编写组编写了这套SOS儿童安全绘本，融入了国际最新的儿童安全教育理念，以防患于未然为前提，以排除一切可能发生在孩子身边的危险因素、防止意外事故的发生为目标，不仅要让孩子们懂得安全知识，还要让孩子们知道应对危险时的处理方法，以便在危险来临的时候有效地保护好自己。

这套儿童安全课题教材，根据中国以及国际上最新统计的儿童安全多发事件编写，聚焦**24**个安全大主题，**200**多个安全点。包括**“公共安全”“居家安全”“校园安全”“交往安全”“自然安全”“行为安全”“饮食安全”“物品安全”**八大方面，涵盖食品卫生、交通出行、防止意外发生以及意外发生后的处理、面对突发事件的应急处理等多方面的安全问题，指导家长解决最常见的儿童安全自护和安全教育问题。它的题材来源于生活，并以生动的童话故事形式对孩子展开全面的安全自护教育，使安全教育变得生动有效。

让全社会都重视起来，科学、正确地理解和把握安全教育的含义和核心，走出安全教育的误区，让我们的孩子牢记“儿童安全宣言”，让一切不安全的因素远离我们的孩子！让我们的孩子平安成长，让全中国的妈妈更放心！

儿童安全教育课题编写组

2017年12月

目录

饮食安全

都是零食惹的祸

安全宣言：不乱喝饮料

“好渴呀，好渴呀！”小浣（huàn）熊边叫边从屋外跑进来，他刚和小朋友们踢了一会儿球，出了一身汗，又热又渴。

妈妈正准备给他倒杯水，小浣熊看到桌子上有几个红红的大苹果，伸手就去拿。妈妈赶紧拦住他：“还没洗！”小浣熊疑惑（yí huò）地举起手说：“我洗过手了呀！”妈妈笑着拍拍他的小手：“我是说苹果还没洗！”“好，我去洗苹果。”

小浣熊刚要开始洗苹果，妈妈举着一个黄色的瓶子拦住他说：“你知道怎么洗苹果吗？”小浣熊大声说：“当然知道啦，用水洗呀！”妈妈摇摇头说：“光用水洗可不行。洗苹果也是有学问的哦！”

妈妈一边给小浣熊做示范一边说：“倒一盆水，加几滴洗洁精，搅匀(jiǎo yún)，然后把苹果放进去，用手把表皮洗干净。别着急拿出来，让苹果在水里泡十分钟……”

小浣熊好奇地问：“为什么还要泡呀？”

“因为有些水果打过农药，如果不把水果上的农药洗干净，吃了就对身体有伤害，洗洁精可以洗掉这些农药。多泡一会儿，是为了让农药彻（chè）底跑出来……泡完了记得要用清水冲洗干净。”

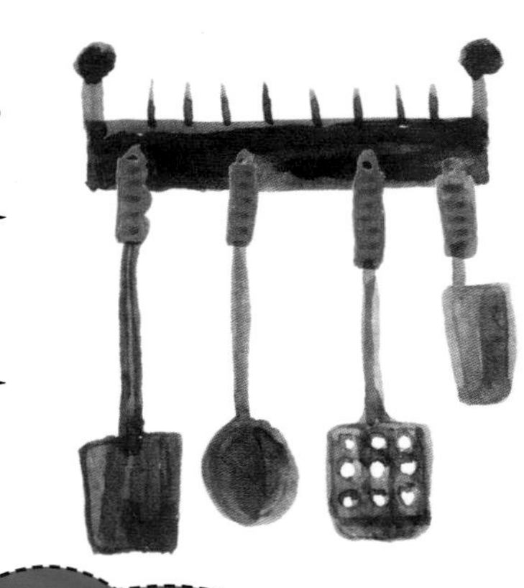

你能把浣熊妈妈说的洗苹果的方法复述一遍吗？再按照这个方法洗一次苹果吧。

小浣熊学会了洗苹果，他好想在小朋友面前露一手啊，让大家看看自己学会的新本领。

这天，小绵羊来小浣熊家做客。一进门，小浣熊就请小绵羊坐下，兴冲冲地拿出大苹果，想洗干净了招待小绵羊。可是小浣熊在厨房里找了半天，也没有找到洗洁精。小浣熊泄(xiè)气地嘟囔(dū nang)着：“奇怪，洗洁精去哪儿了呢？”

小绵羊看小浣熊好半天还没出来，就进厨房找小浣熊。“小浣熊，你在干吗呢？”“我想给你洗苹果，可是找不到洗洁精……”“用水洗不行吗？”“不行，妈妈说上面有农药……”

突然，小浣熊看到橱柜上有一个饮料瓶，一定是妈妈买的饮料，他拿下来递给小绵羊说：“你先喝饮料吧。”小绵羊拧开瓶盖，“咕嘟嘟”喝了一大口。啊，怎么回事，小绵羊马上就弯着腰呕起来：“呕(ǒu)……呕……这饮料怎么这个味儿啊？太难喝了！”

小绵羊冲到卫生间，可是想吐也吐不出来，已经喝下去了，好难受。小浣熊递给小绵羊一杯水，让他漱漱嘴，没想到，从小绵羊嘴里吐出好多泡泡来！

小绵羊站在卫生间里，嘴里不停地吐泡泡。“呃”，“呃”，泡泡一个个往外冒，小浣熊和小绵羊吓得目瞪口呆。

正在这时，浣熊妈妈买菜回来了，一听刚刚发生的事，急得抱起小绵羊就往医院跑：“那个瓶子里装的不是饮料，我昨天不小心把装洗洁精的瓶子摔坏了，就把剩下的洗洁精倒在了饮料瓶子里，哎呀，是我太大意了，应该提醒小浣熊！”

布克布克／图

到了医院，医生给小绵羊洗了胃，又让他留下来住院观察。幸好发现得早，小绵羊没出什么事。浣熊妈妈内疚(jiù)地说：“都怪我，不该用饮料瓶装洗洁精！”小浣熊说：“也怪我，不应该看到是饮料瓶就拿给小绵羊喝。”小绵羊说：“我也有错，没先闻一闻再喝。以后看到饮料瓶，一定要搞清楚里面是什么，像今天这样的‘饮料’，可千万不能喝！”

SOS安全知识要记牢

小朋友应该学习的

小朋友，认识一些化工用品很有用，你知道下面这些化工用品有什么作用吗？请用线把它们连起来。

1. 洗洁精	a. 清洗衣物
2. 洗衣粉	b. 喷杀有害昆虫
3. 杀虫剂	c. 清洗碗碟

爸爸妈妈应该知道的

❶ 如果发现孩子误喝了洗洁精或洗涤剂，应立即催吐，大量喝白开水，同时送往医院进行洗胃及治疗。

❷ 不要把药品、有毒物和生活用品放在一块儿，尤其不要放在饮料瓶、水杯中。

❸ 所有的物品都要贴上标签，并说明用途。有毒或有危险性的物品要事先跟孩子讲清楚它的危险性，并放在孩子够不到的地方，最好加锁。

❹ 在使用杀虫剂、清洁剂、漂白剂等有毒的化学制品时，应该保护眼睛和皮肤，避免直接接触，用完后立即洗手并把脏衣服清洗干净。

答案：1.c 2.a 3.b

小猪宝宝的“怪病”

安全宣言：不吃路边摊

小猪宝宝一向是个乖宝宝，可是最近，小猪宝宝不太乖。

夏天出汗多，应该多喝水，猪妈妈给小猪宝宝凉好白开水，小猪宝宝一边摆手一边叫：“我不要，我不要！”他抱起饮料瓶子，“咕嘟咕嘟”大口喝。

天气热，小猪宝宝上火了，新鲜水果能降火，猪妈妈给他买了好多好多水果。小猪宝宝看都不看，抓起糖豆和果冻，“咔吧咔吧”，吃了一个又一个。

多吃鱼虾和蔬菜，身体健康成长快。为了让小猪宝宝长身体，猪妈妈用鱼虾和蔬菜烹(pēng)制出了很多鲜美的菜肴(yáo)。小猪宝宝闻也不闻，鞋都没穿好就跑到路边的烧烤摊，抓起烤串就往嘴里填，吃了一串又一串。

如果你是小猪宝宝，口渴的时候，你应该喝白开水还是饮料呢？

以前，小猪宝宝和妈妈一起出门时，邻居们总是抱着小猪宝宝亲了又亲，夸奖个不停。“小猪宝宝红扑扑的脸蛋多好看呀！”“小猪宝宝活蹦乱跳真惹人爱啊……”

幼儿园里的小朋友们也喜欢小猪宝宝，因为小猪宝宝很厉害，跑步、踢球、做游戏……什么活动都是他的强项，谁都爱和他一起玩。

可是，小猪宝宝最近好像变了个人似的，肉乎乎的脸蛋儿瘦得凹(āo)下去了，脸色蜡黄蜡黄的，眼神迷迷瞪瞪，好像总也睡不醒。走起路来也摇摇晃晃，整个人都蔫(niān)了，看上去一点精神也没有。

“猪妈妈，你的宝宝是不是生病了呀？”邻居叔叔、阿姨、爷爷、奶奶都关切地问。

“小猪宝宝，和我们一起捉迷藏吧！”小白兔拉着小猪宝宝的手说。

“不去、不去，我累、我累。”小猪宝宝头冒虚汗，无力地摆摆手。

“小猪宝宝，我们去踢球，你来当守门员吧！”小狗拍拍小猪宝宝的肩膀说。小猪宝宝好像没听见一样，虚弱地趴在桌子上，一动也不动。

“这样下去可不行。”猪妈妈带小猪宝宝来到动物儿童医院，找到大象医生。大象医生用听诊(zhěn)器左听听，右听听。

“我的宝宝是不是病得很严重？”猪妈妈急得眼泪都快流出来了。

“小猪宝宝是营养不良。”大象医生说。

大象医生让小猪宝宝走到电脑前，电脑屏幕(píng mù)上是和小猪宝宝一样营养不良的孩子的照片，骨瘦如柴，非常吓人。

“我会不会也变成这样？”小猪宝宝吓哭了。

对照大象医生对小猪宝宝的叮嘱，说一说你做得怎么样？你的饮食习惯正确吗？

大象医生说："只要及时纠(jiū)正饮食习惯，多喝牛奶，多吃鸡蛋、蔬菜等有营养的食物，病就会好了。一定要记住，少喝没营养的饮料，少吃零食，不吃不卫生的路边摊……"

回到家后，小猪宝宝把家里的零食全部扔进了垃圾桶。饭桌上，小猪宝宝再也不挑食了。每天都要喝一杯牛奶……

几个月后，那个欢快活泼的小猪宝宝又回来了！他红扑扑的脸蛋更加迷人可爱，身体变得健壮，小伙伴们更喜欢和他一起玩啦！

响马夫妇／图

小朋友应该学习的

小朋友，平时我们一定要注意饮食！下面哪些食物是有益的，哪些是不应该多吃的？请给有益的打上“√”，不应该多吃的打上“×”。

○ 1. 苹果　　○ 2. 炸薯条　　○ 3. 矿泉水

○ 4. 坚果　　○ 5. 汽水　　○ 6. 三明治

○ 7. 咖喱鱼蛋　　○ 8. 彩色糖果

爸爸妈妈应该知道的

❶ 家长要让孩子学会拒绝彩色零食，多吃健康蔬果。平常到正规商店购买食品，不买校园周边、街头巷尾路边摊的“三无”食品。

❷ 在世界卫生组织发布的十大垃圾食品中，蜜饯、饼干、烧烤、油炸类食品名列其中，家长首先要把住关。

❸ 可以让孩子了解路边摊以及不合格食品的制作内幕，如火腿肠、串串食品等，或在网上搜索有关地沟油的制作过程给孩子看。

❹ 为避免大一点的孩子由于饥饿去购买路边摊产品，可以为孩子准备一些小点心。

❺ 含有人工色素的零食不仅会削弱食欲，还会导致孩子智力下降、性早熟，且容易感冒、皮肤脆弱、免疫力降低等。

❻ 购买颜色鲜艳的食品或饮料时要慎重，不要选择颜色太过亮丽的加工食品，注意阅读食品配料表，看看里面是否添加了胭脂红、柠檬黄、日落黄等合成色素。

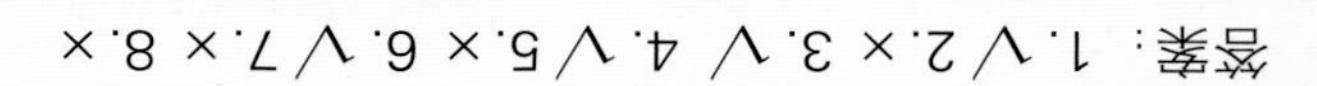

可怕的果冻

安全宣言：小心吃东西

今天是小熊的生日，他好高兴呀！一大早，小熊就开始准备。先来打扫房间，把桌子擦得光光亮，把地板擦得亮光光，屋子里挂上小彩带，房间变得好漂亮！再来准备食物，煮了香喷喷的肉骨头，煎了香喷喷的小黄鱼，熬了香喷喷的小米粥，洗了水灵灵的大桃子……还有零食一大堆，装了好几个大盘子，瓜子、花生、甜果冻……好吃的东西真叫多！

中午快到了，好朋友们都来啦。小狗、小猫、小鹿、小猴、小象……大家都给小熊送上生日礼物，再高高兴兴地说一声："生日快乐！"小熊乐得连忙说："谢谢大家！请进，请进！"

欢乐的宴会开始了，大家都能在桌子上找到自己爱吃的东西，吃得可真高兴。

吃完了饭，小伙伴们轮流表演节目。一个小朋友表演，其他的小朋友边看边鼓掌，还有好吃的零食，真是太开心了！

大家听小猫唱歌，看小鹿跳舞，接下来是小猴讲笑话，乐得哈哈大笑，小熊笑得弯了腰，小鹿笑得倒在小象身上。

小猫也在哈哈笑，边笑边把一颗甜果冻往嘴巴里倒——哎呀呀，不好，甜果冻卡在了嗓子眼，小猫一下子没了声，憋(biē)得脸红脖子粗，难受得眼泪直往外流。

“小猫小猫，你怎么了？”小狗着急地问。小猫说不出话，喘不了气，脸色发紫，手脚直扑腾。小猴见了大喊起来：“糟糕(zāo gāo)，小猫被果冻卡住了！”

怎么办，怎么办？大家都着急了，纷纷出主意。小狗说：“快给小猫喝口水！”小羊说：“用手把卡着的果冻抠出来！”小象说：“让我用长鼻子把小猫倒着卷起来，使劲抖一抖，把果冻抖出来！”小熊说：“快送医院吧！”

熊妈妈从屋里跑出来，看到孩子们乱成一团，她着急地说：“果冻卡在气管里，不能喝水。”熊妈妈让小猫弯下腰，她拍了拍小猫的后背，可是一点用也没有。

“还有一个办法，让我来试一试。”熊妈妈说。

熊妈妈从背后抱住小猫的肚子，右手握拳，左手握住右手，连续用力往上推压。哎呀，小猫咳嗽起来，把卡在喉咙里的果冻“扑”地咳出来啦！

小猫虚弱地坐在地上，慢慢地缓了过来。大家高兴得欢呼起来：“小猫好啦！熊妈妈真厉害！”

真险啊，大家想起刚才的事，个个吓得冒冷汗。小猴说：“甜果冻真可怕！”小熊说：“都怪我，我不应该准备果冻。”小猫摇摇头说：“怪我边吃东西边说笑，还把一整颗果冻一口吸进去……”

熊妈妈严肃地对大家说："虽然我用这个办法救了小猫，但是小朋友没有经过专业的学习，不可以随便用，否则不但帮不上忙，还可能对别人造成伤害！"

小猴点点头说："今天的收获可真大，知道了吃东西的时候要专心，不能说笑，要小口小口地吃，仔仔细细地嚼(jiáo)。还见识了一种急救方法，不过不能随便用。"

大家一齐点点头，大声地说："记住啦，记住啦！"

刘振君／图

小朋友应该学习的

小朋友，吃食物时要留意很多安全问题。下面哪些行为是正确的，哪些是错误的？请给正确的打上“√”，错误的打上“×”。

吃果冻时：

○ 1. 一整颗吞下去。

○ 2. 一小口一小口地吃。

吃东西时：

○ 3. 安安静静地坐着吃。

○ 4. 一边玩游戏一边吃。

爸爸妈妈应该知道的

❶ 果冻引发的事故很多，不少孩子因为一颗小小的果冻失去了生命。父母尽量不要给孩子吃果冻。汤圆等比较黏的食品，也尽量少吃。

❷ 如果孩子执意要吃，父母切记不要给孩子吃小杯装果冻。直径 3 厘米左右的果冻危险系数最大。

❸ 孩子吃东西时，不要逗孩子笑。不要让孩子走路时嘴里含着食物。

❹ 发现孩子被果冻等噎着时，如果前 4 分钟内不能将异物取出，孩子就可能有窒息的危险。如果孩子的神志清醒，可以让孩子用力咳嗽，把堵塞在呼吸道的食物咳出来，或是让孩子坐下，身体向前倾，大人用手掌在孩子背后肩胛之间快速有力地拍击四下。如果孩子已经神志不清，则由大人倒提着孩子的双脚，然后斜抱住身体，另一个人一边用一根手指压下孩子的舌头，一边在孩子肩胛之间用手掌快速用力拍击几下。同时不要忘了尽快拨打急救电话，不要耽误了宝贵的抢救时间。

答案：1.× 2.√ 3.√ 4.×

安全知识小游戏

小朋友，你认识下面这些安全标识吗？每一个安全标识分别代表什么意思呢？请你连一连吧。

- 禁止携带宠物
- 禁止饮用
- 当心夹手

SOS 儿童安全·校园安全

戴墨镜的叔叔

儿童安全教育课题编写组／主编

北京联合出版公司
Beijing United Publishing Co.,Ltd.

图书在版编目(CIP)数据

校园安全：戴墨镜的叔叔 / 儿童安全教育课题编写组主编. -- 北京：北京联合出版公司, 2018.4
（SOS儿童安全）
ISBN 978-7-5596-1694-4

Ⅰ. ①校… Ⅱ. ①儿… Ⅲ. ①安全教育 - 儿童读物
Ⅳ. ①X956-49

中国版本图书馆CIP数据核字(2018)第022483号

SOS儿童安全·校园安全·戴墨镜的叔叔

主　　编：儿童安全教育课题编写组
策　　划：话小屋
文　　字：林玉萍　西　西　话小屋等
责任编辑：夏应鹏
特约编辑：薛　彬　刘　莹

北京联合出版公司出版
（北京市西城区德外大街83号楼9层　100088）
印刷：北京鑫益晖印刷有限公司
开本：710×1000毫米　1/16　**印张：**16　**字数：**80千
2018年4月第1版　2018年4月第1次印刷
ISBN　978-7-5596-1694-4
定价：128.00元（全8册）

本书若有质量问题，请与本公司图书销售中心联系调换：
电话：010-65519667　网址：http://www.bslbook.com

平安成长，比成功更重要！
平安成长，让妈妈更放心！

国际上最新颁布的《儿童十大安全宣言》：

1. 平安成长比成功更重要；
2. 背心、裤衩覆盖的地方不许别人摸；
3. 生命第一，财产第二；
4. 小秘密要告诉妈妈；
5. 不喝陌生人的饮料，不吃陌生人的糖果；
6. 不与陌生人说话；
7. 遇到危险可以打破玻璃，破坏家具；
8. 遇到危险可以自己先跑；
9. 不保守坏人的秘密；
10. 必要的时候，坏人可以骗。

中国的儿童安全教育理念，是否也应该与时俱进，与国际同步而行呢？近年来，儿童意外事故时有发生。我们经常能看到一些相关事故的报道，无一不让人心头发颤，惋惜不已。而这其中有相当多的事故是完全可以避免的，悲剧正是因为儿童缺乏自我保护能力和最基本的安全常识导致的。

因此，我们儿童安全教育课题编写组编写了这套SOS儿童安全绘本，融入了国际最新的儿童安全教育理念，以防患于未然为前提，以排除一切可能发生在孩子身边的危险因素、防止意外事故的发生为目标，不仅要让孩子们懂得安全知识，还要让孩子们知道应对危险时的处理方法，以便在危险来临的时候有效地保护好自己。

这套儿童安全课题教材，根据中国以及国际上最新统计的儿童安全多发事件编写，聚焦**24**个安全大主题，**200**多个安全点。包括**“公共安全”“居家安全”“校园安全”“交往安全”“自然安全”“行为安全”“饮食安全”“物品安全”**八大方面，涵盖食品卫生、交通出行、防止意外发生以及意外发生后的处理、面对突发事件的应急处理等多方面的安全问题，指导家长解决最常见的儿童安全自护和安全教育问题。它的题材来源于生活，并以生动的童话故事形式对孩子展开全面的安全自护教育，使安全教育变得生动有效。

让全社会都重视起来，科学、正确地理解和把握安全教育的含义和核心，走出安全教育的误区，让我们的孩子牢记“儿童安全宣言”，让一切不安全的因素远离我们的孩子！让我们的孩子平安成长，让全中国的妈妈更放心！

儿童安全教育课题编写组

2017年12月

目录

校园安全

戴墨镜的叔叔

安全宣言：不给陌生人开门

今天天气真好呀！三只小羊跟妈妈去学校，妈妈叮嘱说：“羊白白、羊美美、羊壮壮，今天爸爸妈妈有事不能去接你们，你们放学后赶紧回家，不要在外头乱跑，不要和陌生人……”

羊白白接口说：“不要和陌生人说话嘛！妈妈你说了好几遍了。”羊妈妈问：“还有呢？”

羊美美说：“不要吃陌生人给的东西！”

羊壮壮说：“不要跟陌生人走！”

羊妈妈笑眯眯地说：“对！还有，爸爸妈妈不在家，不要给陌生人开门！好了，学校到了，快进去吧！”

放学了，三只小羊往家跑。咦，一个戴墨镜的叔叔拦住了他们：“小朋友，我是你爸爸的同事，你爸爸让我来接你们回家！”

羊白白警惕地说：“我们不认识你，妈妈说，不能和陌生人说话！”

羊美美奇怪地说：“爸爸妈妈没有说让人来接我们呀……妈妈说今天不能来接我们，让我们自己回家的。”

羊壮壮赶紧说：“我们自己能回家！”

三只小羊走掉了。小羊家离学校很近很近，三只小羊很快就到了家。他们赶紧锁好门，坐在沙发上，长出了一口气。

三只小羊回到家先做了什么事？

“嘭嘭嘭”，是谁在敲门？羊白白从大门上的窥(kuī)视孔往外看，啊，是刚刚那个墨镜叔叔！

墨镜叔叔敲着门说：“小羊小羊你们在家吗？让我进去好不好？”

羊白白说：“妈妈说，不能让陌生人进门！”

墨镜叔叔说：“我真的是你爸爸的同事啊！他让我来照顾你们，还告诉了我你们家的地址，不然我怎么能找到你们呢？”

羊美美奇怪地说：“是啊，叔叔怎么知道我们住在这里呢？真的是爸爸告诉他的？”

羊壮壮说：“那可不一定，也许是他偷偷跟着我们回来的！”

墨镜叔叔接着说：“你看，我还给你们带了好吃的巧克力、冰激凌、甜草莓！”

羊美美舔（tiǎn）着嘴唇说：“真的吗？我最爱吃巧克力了……”

墨镜叔叔说："只要你们开了门，这些好吃的都给你们！叔叔站在外面可累了，有礼貌的小羊请叔叔进去坐坐歇一会儿好不好？"

羊美美有点犹豫了，羊白白赶紧说："不行不行，妈妈说过的，不能让陌生人进门。"

羊壮壮悄悄去给爸爸打电话："爸爸，有一个戴墨镜的奇怪叔叔在敲门，你有没有请他来我们家？"

羊爸爸吓了一跳，赶紧说："没有没有，你们千万不要给他开门，我请隔壁象阿姨去看看你们！"

不一会儿，象阿姨来了，墨镜叔叔吓得要跑，被象阿姨一把抓住了。摘掉墨镜看一看，原来是大狐狸！

垂头丧气的大狐狸被送进了派出所。象阿姨在小羊家陪着他们，一直到羊爸爸羊妈妈回来。

三只小羊扑到爸爸妈妈怀里，爸爸妈妈说："我们的乖宝贝，今天真叫棒！"

雨青工作室／图

小朋友，故事中的小羊是不是很聪明？下面这些方法，你认为哪些可行，哪些不可行？请给可行的打上“√”；不可行的打上“×”。

○ 1. 把电视机或音响设备打开，使坏人误以为家里有人，不敢做坏事。

○ 2. 如果陌生人一直不肯走，就打电话给爸爸妈妈或者报警。

○ 3. 不给陌生人开门，但可以问他有什么事，记下来告诉爸爸妈妈。

爸爸妈妈应该知道的

1. 不要留孩子独自在家，如果实在没时间，可以请亲人或朋友帮忙照看。
2. 别人帮助照看孩子期间，抽空多给孩子打电话，询问孩子情况。
3. 上街买东西时，即使时间很短，也要把孩子带上。
4. 不可以趁孩子睡着的时候把他独自留在家，自己外出购物。

答案：1.√2.√3.√

坏脾气的咯咯

安全宣言：警惕铅中毒

小公鸡咯咯，最爱上图画课。前几次上图画课，画了小树、飞机、我的一家……小公鸡画得可好了，长颈鹿老师次次都夸他。

今天又有图画课，长颈鹿老师笑眯眯地说：“今天这节课，我们要画的题目是——我的梦想。小朋友，你们的梦想是什么？画出来让老师看一看好不好？”

长颈鹿老师刚布置完题目，小公鸡咯咯的眼睛就开始滴溜溜地转起来，画什么好呢？我的梦想太多了，选哪一个好！

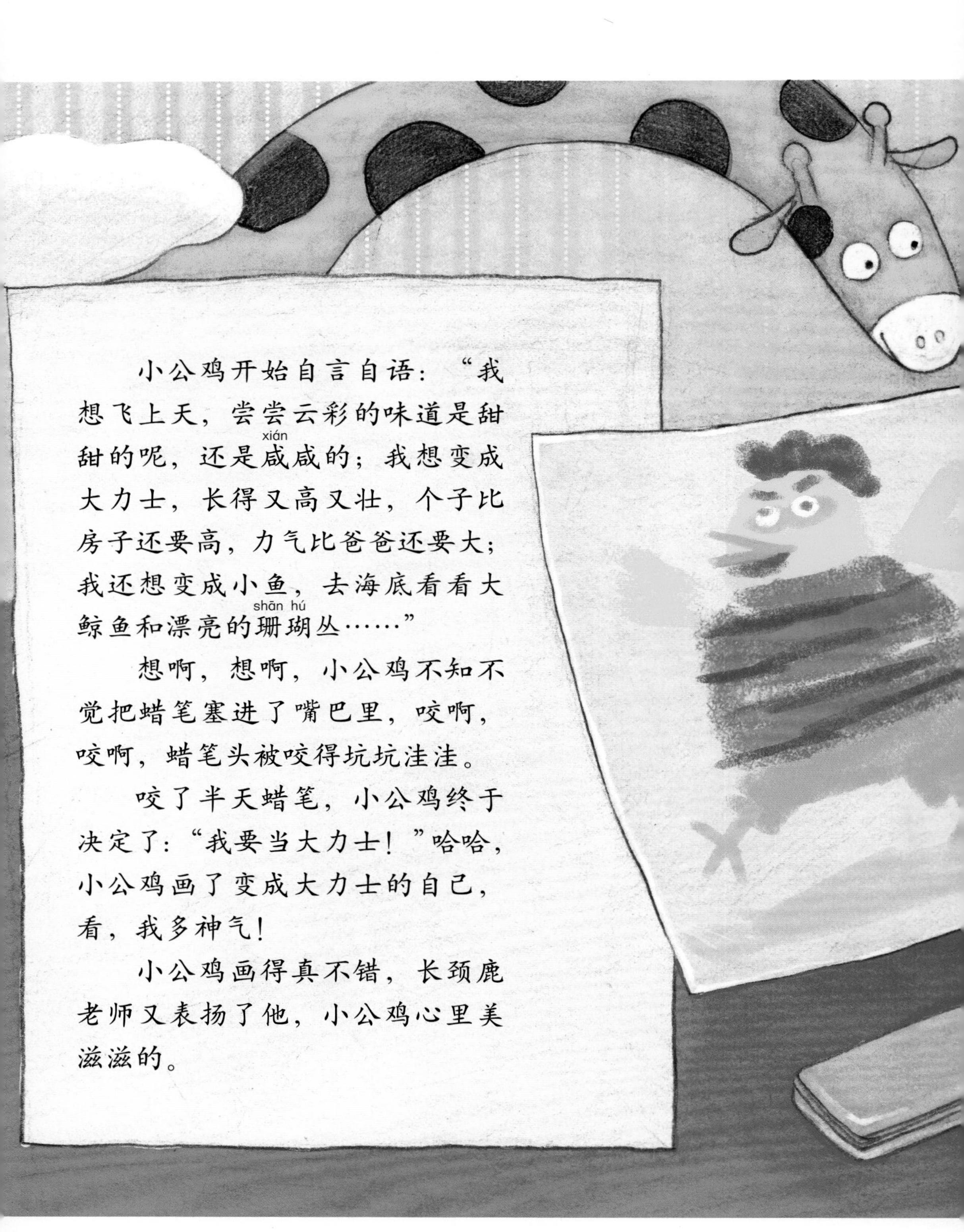

小公鸡开始自言自语：“我想飞上天，尝尝云彩的味道是甜甜的呢，还是咸(xián)咸的；我想变成大力士，长得又高又壮，个子比房子还要高，力气比爸爸还要大；我还想变成小鱼，去海底看看大鲸鱼和漂亮的珊瑚(shān hú)丛……”

想啊，想啊，小公鸡不知不觉把蜡笔塞进了嘴巴里，咬啊，咬啊，蜡笔头被咬得坑坑洼洼。

咬了半天蜡笔，小公鸡终于决定了：“我要当大力士！”哈哈，小公鸡画了变成大力士的自己，看，我多神气！

小公鸡画得真不错，长颈鹿老师又表扬了他，小公鸡心里美滋滋的。

放学回到家，小公鸡赶紧把自己的画拿给妈妈看，妈妈说：“画得真不错，咱们把它贴在你房间的墙上好不好？”小公鸡赶紧点头。

小公鸡更喜欢画画了，哪怕不上图画课，他也总是拿着铅笔、蜡笔，画呀画。画画的时候，老是咬着铅笔头、蜡笔头。

而且，每天回到家，小公鸡都要摸摸自己墙上的这幅画，有时候还要亲亲它。哈哈，小公鸡真想赶紧长大！

可是，最近的小公鸡真不像要长大的样子。他的脾气越来越坏，一点点小事就能惹他生气。在幼儿园里动不动就发火，和小朋友打架，有一次还把小兔子的胳膊咬伤了！老师跟小公鸡讲道理，小公鸡明明听懂了，可就是控制不住自己的坏脾气。

妈妈知道了很着急，小公鸡以前不是这样的，他这是怎么啦？

想一想，你平时有咬
笔头的习惯吗？如果有，
你应该怎么做呢？

这一天，小公鸡正在家里发脾气，他突然倒在地上，嘴吐白沫。妈妈吓得抱起他就往医院跑。

医生给小公鸡做了详细的检查，告诉妈妈：小公鸡是铅中毒！可以治疗，不过以后一定要注意。铅中毒的原因有很多，铅笔、蜡笔、颜色漂亮的彩釉（yòu）玩具、油漆……这些东西都含铅，如果用手摸过了，一定要洗手后才能吃东西，不然就会把铅吃进肚子里！

小公鸡这时候已经醒了，听了医生的话，他好后悔：一定是自己爱咬笔头，这才把铅吃进了肚子里！小公鸡躺在妈妈怀里，对妈妈说：“妈妈，我以后再也不咬笔头了！”

董肖娴／图

小朋友，平日我们要养成良好的卫生习惯。下面哪些行为是正确的，哪些是错误的？请给正确的打上“√”，错误的打上“×”。

◯ 1. 长时间趴在涂着油漆的地板上玩耍。

◯ 2. 用蜡笔后，可以用手取食物放进嘴里。

◯ 3. 用蜡笔后，洗完手才可以取食物。

◯ 4. 一边思考一边咬铅笔头。

爸爸妈妈应该知道的

❶ 铅中毒的表现有：急躁不安、爱哭闹；注意力不集中、多动、学习困难；食欲差、挑食偏食；腹胀、便秘；发育迟缓、贫血、抵抗力低下等。

❷ 咬铅笔导致铅中毒，并不是因为铅笔芯，铅笔芯只含有石墨和黏土，并不含铅，根源是铅笔表层的油漆。

❸ 颜色越鲜艳的油漆，含铅越高，父母应避免用鲜艳的彩色油漆刷地板或墙壁，不让孩子用有色餐具吃饭，在孩子玩油漆玩具时，要提醒孩子不要把玩具放进嘴里，玩后要及时洗手。

❹ 膨化食品含铅较高，皮蛋、饮料等高铅食物也要尽量少给孩子吃。如果家中有从事和铅有关的工作的家庭成员，下班前最好更换工作服，洗完澡后再回家。

答案：1.× 2.× 3.√ 4.×

大个子熊，我不怕你

安全宣言：被欺负要勇敢说“不”

小水獭（tǎ）是幼儿园草莓班的小学生。这几天，小水獭从幼儿园回来都闷闷的，不爱跟爸爸妈妈说话。

水獭爸爸发现了，把小水獭抱到怀里问：“我们的小水獭为什么不开心呀？”小水獭不说话。水獭爸爸耐心地说：“宝贝，爸爸是你的朋友，爸爸愿意帮助你。如果你遇到了不开心的事，可以告诉爸爸。”

小水獭这才小声地说：“我不想去幼儿园了。”水獭爸爸问：“为什么呀？”小水獭说：“我们班的大个子熊，老是欺负我……我玩玩具的时候，他老过来抢；我不给，他就动手推我……他力气好大，我打不过他……他可霸道了，我们班的小朋友也都怕他……”

？你遇到过欺负人的小朋友吗？如果你受了欺负会怎么做？

水獭爸爸说：“不要怕！如果他再这样的话，就要大声地说出来，告诉他：这样是不对的！你很生气！”

“哦……这样就可以了吗？”小水獭有点疑惑地问。水獭爸爸说：“当然还有别的要做。来，和爸爸玩个游戏。”

水獭爸爸让小水獭拿着一个玩具。“好，现在爸爸要来抢这个玩具，你要尽快躲开哦。咱们比一比，看看谁能赢，好不好？”小水獭兴奋地说：“好！”

哈，这个游戏真有趣！爸爸来抢玩具的时候，小水獭集中注意力，紧紧地盯着爸爸的动作，然后快速地闪躲。一开始，小水獭躲不开，爸爸老是赢；后来，小水獭的反应越来越快，小水獭也能赢了！

傍晚，爸爸妈妈带小水獭到小区广场去玩，鼓励小水獭主动向遇到的叔叔阿姨和小朋友们打招呼。

最开始，小水獭不爱说话，每次都低着头，躲到爸爸妈妈身后。可是爸爸妈妈总是耐心地鼓励他。

终于有一天，小水獭主动和鼠妹妹打招呼了！他用小小的声音说：“鼠妹妹，你好！”

鼠妹妹也细声细气地回答他：“水獭哥哥，你好！”然后他们一起去玩了，那天小水獭玩得可真开心！

慢慢地，小水獭交了很多好朋友，他越来越开朗，说话的声音越来越响亮了。不知从什么时候开始，他觉得大个子熊也没有那么可怕！

这天，在幼儿园里，大个子熊向小水獭走过来，他又来抢小水獭的小汽车了！可是这次小水獭鼓足了勇气，眼看大个子熊扑过来，他一下子闪了过去，用响亮的声音说：“大个子熊，不许你抢我的东西！我很生气！”

周围的小朋友都围过来了。大个子熊急了：“我就要这个小汽车！”

大个子熊的声音真大，不过小水獭现在不怕了，他说：“你老是欺负小朋友，再这样，大家都不跟你玩了！”周围的小朋友都点头，说：“小水獭，你说得对！”“小水獭，你真勇敢！”

听到这边的动静，老师也走过来了。大个子熊害臊了，还有点害怕，他哭起来了。

老师带大个子熊去擦脸。小水獭想：原来大个子熊也会哭啊。哈哈，大个子熊，我再也不怕你了！

朱世芳／图

小朋友应该学习的

小朋友，大个子熊经常欺负小朋友是不对的。下面哪些行为是正确的，哪些是错误的？请给正确的打上“√”，错误的打上“×”。

◯ 1. 抢别人的玩具。

◯ 2. 见到别人的个子比自己小，就欺负他。

◯ 3. 给小朋友取花名。

◯ 4. 见到有人欺负别人时，大胆告诉老师。

爸爸妈妈应该知道的

对于孩子在幼儿园被欺负的现象，家长不要过度紧张和干预，应该给予孩子适当的引导，一定要了解其中的缘由，然后再确定应对之策，家长可以通过以下方式解决：

❶ 要让孩子知道他是不可侵犯的，让孩子学会维护自己的尊严。要让孩子认识到，过于忍让只会越来越怯懦。

❷ 需要强调的是，应对此事的教育核心是“我不被人欺负，但也不能欺负别人”。

❸ 可以在孩子上幼儿园前给他报名参加一些幼儿园适应班，培养和锻炼与人交往的能力。

❹ 当孩子在幼儿园受欺负时，家长一定要与老师沟通，并相信老师的专业指导和教育。

答案：1.× 2.× 3.× 4.√

安全知识小游戏

小朋友，你认识下面这些安全标识吗？每一个安全标识分别代表什么意思呢？请你连一连吧。

- 禁止触摸
- 当心绊倒
- 当心坠落
- 当心扎脚

SOS 儿童安全·交往安全

鳄鱼伯伯太“好心”

儿童安全教育课题编写组／主编

北京联合出版公司
Beijing United Publishing Co.,Ltd.

图书在版编目(CIP)数据

交往安全：鳄鱼伯伯太“好心”/儿童安全教育课题编写组主编. -- 北京：北京联合出版公司, 2018.4
（SOS儿童安全）
ISBN 978-7-5596-1694-4

Ⅰ.①交… Ⅱ.①儿… Ⅲ.①安全教育－儿童读物 Ⅳ.①X956-49

中国版本图书馆CIP数据核字(2018)第022485号

SOS儿童安全·交往安全·鳄鱼伯伯太“好心”

主　　编： 儿童安全教育课题编写组
策　　划： 话小屋
文　　字： 林玉萍　西　西　话小屋等
责任编辑： 夏应鹏
特约编辑： 薛　彬　刘　莹

北京联合出版公司出版
（北京市西城区德外大街83号楼9层　100088）
印刷：北京鑫益晖印刷有限公司
开本：710×1000毫米　1/16　印张：16　字数：80千
2018年4月第1版　2018年4月第1次印刷
ISBN 978-7-5596-1694-4
定价：128.00元（全8册）

本书若有质量问题，请与本公司图书销售中心联系调换：
电话：010-65519667　网址：http://www.bslbook.com

平安成长，比成功更重要！
平安成长，让妈妈更放心！

国际上最新颁布的《儿童十大安全宣言》：

1. 平安成长比成功更重要；
2. 背心、裤衩覆盖的地方不许别人摸；
3. 生命第一，财产第二；
4. 小秘密要告诉妈妈；
5. 不喝陌生人的饮料，不吃陌生人的糖果；
6. 不与陌生人说话；
7. 遇到危险可以打破玻璃，破坏家具；
8. 遇到危险可以自己先跑；
9. 不保守坏人的秘密；
10. 必要的时候，坏人可以骗。

中国的儿童安全教育理念，是否也应该与时俱进，与国际同步而行呢？近年来，儿童意外事故时有发生。我们经常能看到一些相关事故的报道，无一不让人心头发颤，惋惜不已。而这其中有相当多的事故是完全可以避免的，悲剧正是因为儿童缺乏自我保护能力和最基本的安全常识导致的。

因此，我们儿童安全教育课题编写组编写了这套SOS儿童安全绘本，融入了国际最新的儿童安全教育理念，以防患于未然为前提，以排除一切可能发生在孩子身边的危险因素、防止意外事故的发生为目标，不仅要让孩子们懂得安全知识，还要让孩子们知道应对危险时的处理方法，以便在危险来临的时候有效地保护好自己。

这套儿童安全课题教材，根据中国以及国际上最新统计的儿童安全多发事件编写，聚焦**24**个安全大主题，**200**多个安全点。包括**"公共安全""居家安全""校园安全""交往安全""自然安全""行为安全""饮食安全""物品安全"**八大方面，涵盖食品卫生、交通出行、防止意外发生以及意外发生后的处理、面对突发事件的应急处理等多方面的安全问题，指导家长解决最常见的儿童安全自护和安全教育问题。它的题材来源于生活，并以生动的童话故事形式对孩子展开全面的安全自护教育，使安全教育变得生动有效。

让全社会都重视起来，科学、正确地理解和把握安全教育的含义和核心，走出安全教育的误区，让我们的孩子牢记"儿童安全宣言"，让一切不安全的因素远离我们的孩子！让我们的孩子平安成长，让全中国的妈妈更放心！

儿童安全教育课题编写组

2017年12月

目录

交往安全

灰狼别亲我

安全宣言：身体不许别人摸

小白兔是个爱美的小姑娘。她最爱穿花裙子，穿着花裙子，蹦蹦跳跳走在路上，大家都夸她漂亮！

这天，熊猫老师领着小白兔和几个小朋友去参加演出。小白兔第一个上了台，表演的是芭蕾舞。小白兔跳得可好了，赢得了满场掌声。小白兔心里美滋滋的。

下了台，其他小朋友都在准备演出，小白兔觉得好无聊，就一个人偷偷溜出去，来到了花园里。大家都在礼堂里，这里静悄悄的。

忽然，“咔嚓咔嚓”几声响，小白兔一看，是大灰狼正拿着相机给她照相呢，边照还边惊叹：“哎呀，小白兔你真漂亮，白白的胳膊白白的腿，粉粉嫩嫩的，让人看得流口水……啊，不对，我是说，天上的小仙女也没有你美！”

小白兔一听可高兴了："真的吗？我真有这么美？"

大灰狼点点头："当然是真的！你看你的皮肤多好啊，小手肉肉的，摸起来滑滑的……叔叔最喜欢漂亮的小孩子了，给叔叔亲亲好不好？"

小白兔被摸得痒痒的……嗯，叔叔想亲亲自己，给不给叔叔亲呢？在家里的时候，爸爸妈妈的朋友来了，看到自己也忍不住亲亲、抱抱……可是，自己不认识这个叔叔呀。

大灰狼看小白兔在犹豫，就说："小白兔你不记得了？叔叔跟你爸爸是好朋友，你小时候叔叔还抱过你呢！现在小白兔长这么大了，不认识叔叔了，叔叔好伤心……"

真的吗？这个叔叔还抱过自己？小白兔不情愿地答应说："嗯，好吧……"

大灰狼听了好高兴，嘟起大嘴巴亲亲小白兔。小白兔心里想：这个叔叔的嘴巴好臭哟！

大灰狼又说："叔叔是个摄影家，叔叔带你去拍照，拍得小白兔像明星一样，把照片给爸爸妈妈看，好不好？叔叔那儿还有好多花裙子！"这下小白兔心动了，跟着大灰狼去了他家。

进了大灰狼的屋子，屋子里乱糟糟，看不到摄(shè)影机，也看不到花裙子。

小白兔问："叔叔，花裙子呢？"大灰狼说："花裙子就在那边柜子里，不过，你得把这身衣服脱了才能换呀！"大灰狼的眼睛冒绿光，伸手想掀小白兔的裙子，想摸小白兔的身体。小白兔心里觉得很不舒服，赶紧躲开了。这个叔叔怪怪的，不行，我要赶紧离开这儿！

正在这时，外面传来“嘭嘭嘭”的敲门声和喊声：“小白兔，你在吗？”小白兔赶紧大声说：“我在这儿！”小白兔往外跑，大灰狼慌慌张张地跟在后面，对小白兔说：“小白兔，今天的事是叔叔跟你之间的秘密，可别告诉别人，知道吗？”

开了门，进来的是熊猫老师、大黄狗警官，还有小白兔的爸爸妈妈。原来，熊猫老师发现小白兔不见了，赶紧报了警，大黄狗警官沿着空气中留下的味道，一路追到了这儿。

妈妈抱着小白兔，问：“宝贝，发生了什么事？”小白兔看看大灰狼，心想：叔叔说这是秘密，要不要说？妈妈又说：“宝贝，所有的小秘密都要告诉妈妈，对不对？”小白兔点点头，把奇怪的叔叔奇怪的举止全说了。

这下露馅儿了！大灰狼转身想逃跑，被大黄狗警官一把逮住，押回了警察局。

张卫东／图

小白兔回了家，晚上，妈妈拿来一张小白兔游泳的照片，告诉她："泳衣覆盖的这部分身体，不能让别人看或者摸。哪怕是你尊敬的人或熟悉的人也不许。如果有谁想亲你、摸你，或者离你太近，让你觉得不舒服，你都要勇敢地拒绝，赶紧跑开。你要大声说：'不许！我不要！'还有，可别再一个人去僻(pì)静的地方了，更不能跟别人去他屋子里。我的宝贝，你要保护好自己，别让别人伤害你……"

"嗯，我知道了！"小白兔心想：要是早知道这些，今天我就会对大灰狼说：不许亲我！

小朋友应该学习的

小朋友，你认为小白兔跟大灰狼回家的做法对吗？以下做法哪些是正确的，哪些是错误的？请给正确的打上“√”，错误的打上“×”。

○ 1. 没有家人同意，不要跟别人走。

○ 2. 不让别人随便触摸自己的身体。

○ 3. 所有人的秘密都保守。

○ 4. 遇到不怀好意的人，要尽快逃开。

爸爸妈妈应该知道的

家长首先要建立与孩子间的信任感，让他们知道遇到恐惧不安的事情要说出来，父母是不会责怪或嫌弃的。要让孩子明白以下几点：

❶ 无论发生什么事情，首先要保护好自己，安全最重要，绝对不能受伤，绝对不能单独离开安全熟悉的环境。

❷ 避免独自在无人的场所逗留。不单独与异性相处一室。

❸ 要让孩子知道不正常的触摸可能来自陌生人，也可能来自熟人。如果碰到不当的接触，不要激怒侵犯者，应该冷静下来，想办法尽快离开。

❹ 如果遇到性侵犯，要立即告诉爸爸妈妈，到医院检查身体情况，并及时报警，不要让坏人逍遥法外。

答案：1.√ 2.√ 3.× 4.√

鳄鱼伯伯太“好心”

安全宣言：警惕“好心”的坏人

小绵羊气鼓鼓地在马路上走着，她是从家里偷跑出来的。哼，明明早就说好了，这个周末爸爸妈妈一起带她去游乐园玩的，现在又说要加班，不能去了。已经好几次了！说话不算数，骗人！

爸爸妈妈都去上班了。小绵羊哭了一场，然后趁奶奶不注意，偷偷从家里跑了出来。

小绵羊在大街上走啊走啊，走过玩具店，走过小公园……可是，总不能走到游乐园去吧？对了，妈妈说过，坐公交车可以到游乐园！

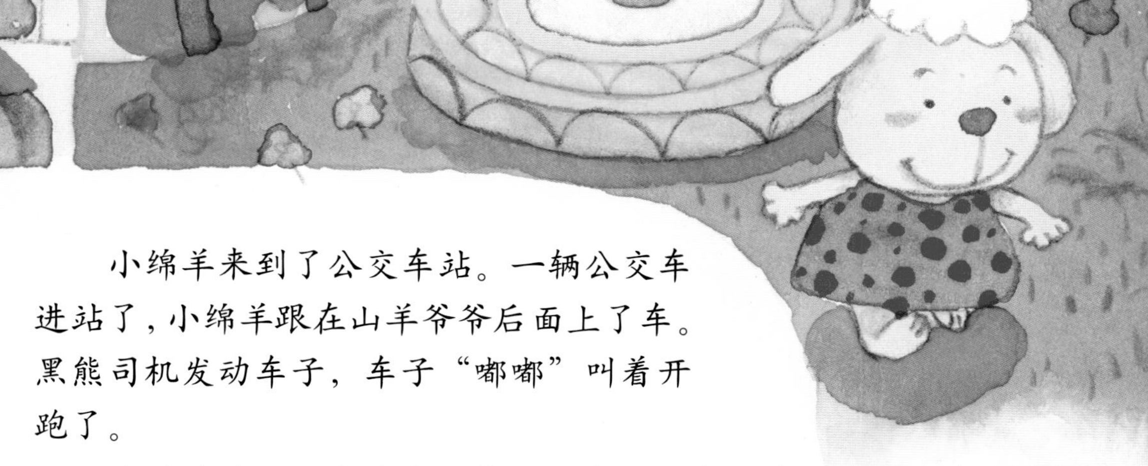

小绵羊来到了公交车站。一辆公交车进站了，小绵羊跟在山羊爷爷后面上了车。黑熊司机发动车子，车子“嘟嘟”叫着开跑了。

车子跑过了好多地方，停了好多站。鹿阿姨下车了，牛大婶下车了，山羊爷爷也下车了……可是小绵羊一直没有看到游乐园。

？小绵羊自己去游乐园危险吗？为什么？

这时，有个声音说话了："小绵羊，你不是和山羊爷爷一起的吗？"

小绵羊一看，是鳄鱼大叔。她摇摇头："我一个人出来的。"

鳄鱼大叔惊讶地说："小绵羊，你怎么自己一个人跑出来？你家住在哪儿？"

小绵羊说："我要去游乐园……我家住在幸福小区12号楼。"

鳄鱼大叔说："这趟车可不到游乐园！小绵羊，赶紧下车回家吧！我送你回去，我就住在幸福小区旁边！"

车子一停，鳄鱼大叔就带小绵羊下了车。鳄鱼大叔说："小绵羊，你饿不饿？咱们先吃点东西再回家好不好？"

哎呀，鳄鱼大叔这么一说，小绵羊的肚子还真咕咕地叫起来。鳄鱼大叔跑到路边，买了香喷喷的炸鸡翅、热乎乎的芝麻饼，还有一大杯甜甜的橙汁。小绵羊"啊呜""啊呜"吃得光光的。啊，好香啊，吃得好饱！

鳄鱼大叔抱起小绵羊，又说话了：“小绵羊，叔叔送你回家，你困了就先睡会儿吧，等醒过来就到家了！”

还真有点困，小绵羊迷迷糊糊地想：鳄鱼大叔真是个好人！

可是，小绵羊醒来的时候，却不是在家里，而是在一个阴暗的小房间里。屋子里还有几个愁眉苦脸的小朋友：小兔子、小胖猪、小猴子。

原来，鳄鱼大叔根本不是什么好心人，而是个拐卖儿童的大骗子！几个小朋友都被关在这儿好几天了，每天只能喝清水，啃馒头，睡在草垫子上。

这可怎么办？自己再也回不了家了吗？不行，一定要想办法！小绵羊想啊，想啊，还真的想出一个主意来。小绵羊摘下自己的项链，下面有个能打开的坠子，装着小绵羊的照片。“我们要把这个给大黄狗警长，让他来救我们。”

小绵羊指挥着大家贴着后墙叠罗汉，一个摞(luò)一个站起来，啊，能够到小窗户了！站在最上面的小兔子拿出一块馒头，掰(bāi)成碎屑扔在窗台上。

过了好一会儿，来了只啄馒头屑的小麻雀！小兔子赶快把小绵羊的项链挂在小麻雀的脖子上，轻声对小麻雀说：“小麻雀，请把项链带给大黄狗警长，请他快来救我们！”小麻雀点点头飞走了。

小麻雀能帮我们把信送到吗？大家又担心，又期待……

这天晚上，大家正迷迷糊糊地睡着，忽然听到了好多人的脚步声、说话声。大家都醒了，是大黄狗警长来了吗？

真的是大黄狗警长来了！小绵羊的爸爸妈妈也来了！坏人都被抓了起来，小朋友们也被送回家了。

爸爸妈妈含着泪，把小绵羊紧紧地抱在怀里，小绵羊说："爸爸妈妈，我好想你们，我再也不自己一个人偷偷出去了！"

草草 / 图

小朋友应该学习的

小朋友，小绵羊单独离家外出是不对的，千万不要学。下面哪些行为是正确的，哪些是错误的？请给正确的打上“√”，错误的打上“×”。

- ◯ 1. 出门玩时，即使去熟悉的邻居家，也要告诉家人。
- ◯ 2. 陌生人送食物给自己时，立即全部吃完。
- ◯ 3. 不随意向陌生人透露家庭信息。
- ◯ 4. 不和陌生人独处。

爸爸妈妈应该知道的

❶ 家长不仅要经常口头上教育孩子防骗，而且要适当进行一些防骗实例“演习”，通过与孩子玩游戏来强化孩子的防骗意识。比如，可以让家里人扮演“骗子”，教育孩子如何防范。

❷ 陌生人要防范，熟人也要防范。现实中一些教训告诉我们，熟人拐骗幼儿的现象不乏存在，因此，家长要教育孩子在独自一人时，对熟悉或不很熟悉的人都要保持警惕。

❸ 家长务必要教育孩子，万一被坏人骗走，要寻找机会在闹市或者人多的地方大声呼救，寻求帮助，教孩子充分利用一切条件寻求警察的帮助。

答案：1.√ 2.× 3.√ 4.√

黄鼠狼好“可怜”

安全宣言：警惕陌生人的求助

幼儿园放学了，小浣(huàn)熊背着小书包，蹦蹦跳跳地往家走——真想快点儿到家呀，妈妈说今天晚上做香喷喷的奶油酥(sū)鱼饼给自己吃呢！想起来就要流口水，嘿嘿……真的流口水了。

小浣熊正想抬手擦擦口水，突然一个人影冲上来，拦住了他，还冲他伸出了手。小浣熊抬眼一看，哎哟，这是谁呀，手里拄着一根木棍，脸上戴着一副墨镜，穿着一身单薄的旧衣服，嘴里还直哼哼：“哎哟，哎哟，好心的孩子，发发善心，给我点儿吃的吧，我三天没吃饭了……”

真是好可怜哟，小浣熊马上扒书包，找出三块巧克力，还有两个蛋黄派：“喏，这个给你吃。”

那人接过东西，连连道谢：“好心的小朋友，实在是太感谢你了，你真是好人……我家里还有个孩子，跟你差不多大，他也是一天没吃东西了，我带回去给他吃……”

那人接着说：“难得遇见你这样的好心人，小朋友，我还有件事想求你……你看，我得了怪病，眼睛不敢见光，看什么都模模糊糊的。这周我还得去医院治病，一分钱也没有了，你能不能借我点儿钱啊？”

小浣熊想：妈妈不是常说要乐于助人吗，要不，我就借他点儿钱吧。小浣熊又开始扒书包，找出好几十块钱。可还没等他把钱递过去，那人就一把把钱拽走了。

小浣熊一愣，那人赶紧说：“谢谢小朋友！你可帮了我大忙了。你家住哪里？将来我有钱了，一定把钱还给你！”小浣熊摇摇头说：“不用了，你能把病治好就好。你快回家吧！”

那人听了，为难地说：“小朋友，我看不清路，能不能请你再帮我个忙，送我回家呀？我家离这儿很近的！”小浣熊有点儿犹豫：“真的很近吗？妈妈还在等我回家呢！”那人使劲儿点头说：“真的很近！两分钟就到了！”“那……好吧！”

于是小浣熊跟着那人，按他说的方向往前走。走啊，走啊，走了好一会儿也没到。小浣熊忍不住问：“还有多远啊？”那人说：“没多远了，拐弯就是！”

拐了一个弯，还要拐一个弯……路好像越来越偏僻了，小浣熊心里开始打鼓了：这到底是怎么回事啊？这家伙不会是在骗我吧？

“可怜”大叔是谁？他为什么逃跑了？

忽然，小浣熊看到前面有一个在巡逻的警察叔叔，一下子有了主意。在他们走过警察叔叔身边时，小浣熊突然松手，跑到了警察叔叔那边，然后就见……那个本来走路慢腾腾的“可怜”大叔拔腿就跑，跑得还真快！

警察叔叔追上去抓住了他，摘下他的墨镜一看，原来是黄鼠狼！

警察叔叔把黄鼠狼带回了警察局，一审问，原来，黄鼠狼说的话全是假的，是想骗小浣熊的钱，后来看小浣熊那么好骗，就想把他骗到偏僻的地方，放臭屁把他熏（xūn）晕，拐卖到远远的地方去。

草草／图

小浣熊的爸爸妈妈赶来了。浣熊妈妈对小浣熊说："宝贝，乐于助人是好事，不过要分清楚好人坏人，还要量力而行，不然很容易上当受骗。"浣熊爸爸说："你看，大人跟小孩子要钱，还让你送他回家，这就很可疑。以后再遇到这样的人，你就告诉他们：我可以找警察叔叔来帮你们！"

小浣熊猛点头："嗯，这回我知道啦！"

SOS安全知识要记牢

小朋友应该学习的

小朋友，帮助别人是一种美德，但是由于小朋友年纪小，社会经验不足，在帮助别人之前，要先保护好自己。下面哪些行为是正确的，哪些是错误的？请给正确的打上“√”，错误的打上“×”。

◯ 1. 不跟陌生人去僻静的地方。

◯ 2. 遇到陌生人问路，热心地为他带很远的路。

◯ 3. 不带陌生人到家里去。

◯ 4. 把随身携带的贵重物品借给陌生人。

爸爸妈妈应该知道的

❶ 家长要明确告诉孩子：当陌生人向自己寻求帮助时，首先要了解自己是否有能力帮助别人。让孩子知道自己还是小孩子，帮助别人的能力是有限的。

❷ 平时要对孩子进行必要的安全教育，包括儿童人身安全和财产安全。家长要告诉孩子，当遇到陌生人求助时，他可以做什么，不可以做什么。

❸ 提醒孩子警惕陌生人的求助，比如当孩子周围有大人在的情况下，如果陌生人还要向孩子求助，孩子应当拒绝，或者建议他向大人求助。

答案：1.√ 2.× 3.√ 4.×

安全知识小游戏

小朋友，你认识下面这些安全标识吗？每一个安全标识分别代表什么意思呢？请你连一连吧。

● 禁止停留

● 禁止入内

● 紧急出口

● 紧急呼救措施

SOS 儿童安全·公共安全

汽车 地铁 大飞机

儿童安全教育课题编写组／主编

北京联合出版公司
Beijing United Publishing Co.,Ltd.

图书在版编目(CIP)数据

公共安全：汽车 地铁 大飞机 / 儿童安全教育课题编写组主编. -- 北京：北京联合出版公司, 2018.4

（SOS儿童安全）

ISBN 978-7-5596-1694-4

Ⅰ. ①公… Ⅱ. ①儿… Ⅲ. ①安全教育－儿童读物 Ⅳ. ①X956-49

中国版本图书馆CIP数据核字(2018)第022487号

SOS儿童安全·公共安全·汽车 地铁 大飞机

主　　编：儿童安全教育课题编写组
策　　划：话小屋
文　　字：林玉萍　西　西　话小屋等
责任编辑：夏应鹏
特约编辑：薛　彬　刘　莹

北京联合出版公司出版
（北京市西城区德外大街83号楼9层　100088）
印刷：北京鑫益晖印刷有限公司
开本：710×1000毫米　1/16　印张：16　字数：80千
2018年4月第1版　2018年4月第1次印刷
ISBN 978-7-5596-1694-4
定价：128.00元（全8册）

本书若有质量问题，请与本公司图书销售中心联系调换：
电话：010-65519667　网址：http://www.bslbook.com

平安成长，比成功更重要！
平安成长，让妈妈更放心！

国际上最新颁布的《儿童十大安全宣言》：

1. 平安成长比成功更重要；
2. 背心、裤衩覆盖的地方不许别人摸；
3. 生命第一，财产第二；
4. 小秘密要告诉妈妈；
5. 不喝陌生人的饮料，不吃陌生人的糖果；
6. 不与陌生人说话；
7. 遇到危险可以打破玻璃，破坏家具；
8. 遇到危险可以自己先跑；
9. 不保守坏人的秘密；
10. 必要的时候，坏人可以骗。

中国的儿童安全教育理念，是否也应该与时俱进，与国际同步而行呢？近年来，儿童意外事故时有发生。我们经常能看到一些相关事故的报道，无一不让人心头发颤，惋惜不已。而这其中有相当多的事故是完全可以避免的，悲剧正是因为儿童缺乏自我保护能力和最基本的安全常识导致的。

因此，我们儿童安全教育课题编写组编写了这套SOS儿童安全绘本，融入了国际最新的儿童安全教育理念，以防患于未然为前提，以排除一切可能发生在孩子身边的危险因素、防止意外事故的发生为目标，不仅要让孩子们懂得安全知识，还要让孩子们知道应对危险时的处理方法，以便在危险来临的时候有效地保护好自己。

这套儿童安全课题教材，根据中国以及国际上最新统计的儿童安全多发事件编写，聚焦**24**个安全大主题，**200**多个安全点。包括**"公共安全""居家安全""校园安全""交往安全""自然安全""行为安全""饮食安全""物品安全"**八大方面，涵盖食品卫生、交通出行、防止意外发生以及意外发生后的处理、面对突发事件的应急处理等多方面的安全问题，指导家长解决最常见的儿童安全自护和安全教育问题。它的题材来源于生活，并以生动的童话故事形式对孩子展开全面的安全自护教育，使安全教育变得生动有效。

让全社会都重视起来，科学、正确地理解和把握安全教育的含义和核心，走出安全教育的误区，让我们的孩子牢记"儿童安全宣言"，让一切不安全的因素远离我们的孩子！让我们的孩子平安成长，让全中国的妈妈更放心！

儿童安全教育课题编写组

2017年12月

目录

公共安全

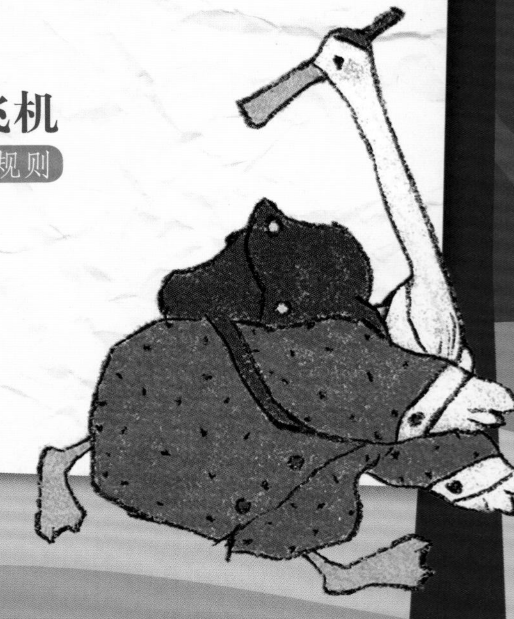

小兔找妈妈

安全宣言：不跟陌生人走

森林里最大的超市——“美滋滋大超市”开张了！一大早，森林里的居民们就赶来了，小兔宝宝也拉着妈妈往里跑。

大超市里人挨人、人挤人，热闹极了。好吃的东西多得数不清，熊猫爱吃的竹子、小猴喜欢的桃子、小鸡爱吃的小虫、刺猬喜欢的红枣、小猫喜欢的鱼虾……就连河狸(lí)爱吃的树皮和火烈鸟喜欢的水藻(zǎo)这里都有。

2

小兔宝宝帮妈妈提着购物筐，跟在妈妈身后。兔妈妈想去日用品区买一些生活用品，她们经过萝卜区时，小兔宝宝的脚有些挪不动了……

这里的萝卜可真多啊，小兔宝宝从来没见过这么多萝卜。有红萝卜、白萝卜、胡萝卜、水萝卜……各种萝卜摆满了货架；有用萝卜做成的半成品——萝卜丝、萝卜片、萝卜丁、萝卜块；还有用萝卜做成的各种食品——萝卜泡菜、萝卜馅儿包子、萝卜馅儿饺子、萝卜馅儿饼……小兔宝宝看得眼花缭(liáo)乱，口水咽了一口又一口，肚子也跟着凑热闹，馋得“咕咕”叫。

这些还不算什么，最让小兔宝宝流口水的是萝卜区的各种甜品，有萝卜饮料、萝卜罐头、萝卜雪糕和萝卜冰激凌，别说咬一口，看看都快醉了……

小兔宝宝光顾着盯着这些美味，连妈妈不见了都没有发现。等她回过神来的时候，已经看不到妈妈的影子啦！

小兔宝宝蹲在地上哭啊，哭啊，边哭边喊："妈妈你在哪儿啊？"可是超市里人太多了，谁也没听到小兔宝宝伤心的哭声。

“可爱的小兔子，你为什么哭得这么伤心啊？”说话的是一只狐狸，他眼珠一转，马上又说：“叔叔最喜欢可爱的孩子了，我带你去买好吃的。”说着，狐狸抱起小兔宝宝就走。

他阴森森的眼睛让小兔宝宝害怕，小兔宝宝不禁想起爸爸说过的话，不要跟陌生人走……

小兔宝宝灵机一动，一边指着前方使劲儿喊“妈妈”，一边拼命地乱踢乱蹬(dēng)。做贼(zéi)心虚的狐狸赶紧放下小兔宝宝，钻进人群中溜走了。

小兔宝宝冷静了，她知道不能再又哭又叫，那样会引起坏人的注意，太危险了。可是妈妈在哪儿呢，小兔宝宝在人群中焦急地寻找着。

不知不觉中，小兔宝宝走到了青草区，她看到了穿着工作服、正在整理商品的羊阿姨，小兔宝宝请她帮助自己找妈妈。羊阿姨很热心，她带着小兔宝宝来到了超市的服务台，向工作人员花猫小姐说明了情况。花猫小姐马上暂(zàn)停了正在播放的音乐，帮小兔宝宝开始广播："兔妈妈请注意，您的宝宝正在服务台等您。请您听到广播后，马上赶到超市服务台。"

服务台

再说兔妈妈看不见小兔宝宝，急得汗“唰唰唰”地往下流，她也顾不上擦一把，顺着原路找回去，可是没找到。

正当兔妈妈不知道该怎么办的时候，她突然听到了超市的广播……兔妈妈一路小跑奔向服务台，看到小兔宝宝正笑眯眯地看着自己，兔妈妈蹲下来紧紧地抱住了自己的乖宝宝。

聪明的小兔宝宝用正确又安全的方法找到了妈妈，兔妈妈当然要奖励她啦。小兔宝宝得到的奖励是——一块美味的萝卜蛋糕，这下，小兔宝宝可解馋啦！

草草／图

小朋友应该学习的

小朋友，和爸爸妈妈逛商场时，一定要紧握他们的手。如果在商场和爸爸妈妈走失了，你会怎样做？请给正确的做法打上“√”，错误的打上“×”。

○ 1. 跟陌生人去找爸爸妈妈。

○ 2. 在原地等候，不要走开。

○ 3. 大声哭喊着到处找。

○ 4. 向商场穿着制服的工作人员求助，请他们帮你广播。

爸爸妈妈应该知道的

1. 平时应该让孩子熟记家庭住址和父母的联系电话等基本信息，告诉孩子，这些信息能够让他在求助时得到有效的帮助。

2. 父母可以在出门前与孩子商量好，如果发生了走失的情况，不要随便乱走，先在原地等父母，或是去商场的顾客服务台等安全的地方等待。

3. 带孩子去公共场所时，父母一定要随时关注孩子是否在自己身边。不能把孩子单独留在车内；逛超级市场时，不要为了挑选商品把孩子单独留在座位上。总之，不要让孩子离开自己的视线。

4. 教会孩子怎样寻求帮助，不随便跟陌生人走，尽量找商场、动物园、游乐园的工作人员帮助自己。

答案：1.× 2.√ 3.× 4.√

马路上的球

安全宣言：不在马路上玩

“笛呜、笛呜、笛呜——”

一辆救护车急匆匆地朝森林爱心医院驶去。车中躺着昏迷不醒的小狗汪汪。救护车上的灯光一闪一闪的，好像在呼唤着小狗汪汪快点醒过来。

终于到了森林爱心医院，小狗汪汪被推进了急救室。忽然，白兔护士急切的声音从急救室里传出来：“山羊医生，血液不够用了！”

小麻雀赶紧把这个消息传了出去，森林里的动物们都纷纷赶来献血。

“快，抽我的吧。”一向慢吞吞的蜗牛哥哥不知道什么时候挤到了队伍前面。可是流进针管里的血怎么是淡蓝色的啊？白兔护士摇着头说:“血型与患者的不符，不能输啊！”

“让我来，我的一定行！”平时说话细声细气的蚯蚓姐姐，此时声音大得出奇，可她身体里的血是玫瑰色的。

接着，白兔护士从蜘蛛身体里抽出青绿色血，从田螺(luó)身体里抽出白色的血……

小狗汪汪有生命危险，还在等着输血呢，这可怎么办啊！

“看我的血行不行！”排在后面的牧羊犬哥哥挤进来，擦着满头的汗水。牧羊犬鲜红的血液慢慢地流进小狗汪汪的身体，小狗汪汪渐渐苏醒了。

在医生和护士的精心照料下，小狗汪汪恢复得很快。

这天，大家又来探望小狗，小伙伴们你一言，我一语，问候个不停。

只有小熊躲在一边不作声，自从出事以后，他心里一直特别难受。

原来，那天小狗汪汪和小熊、小猫、小象、小猴几个好朋友一起在马路边踢球，小熊一脚把球踢到了马路中间。汪汪只顾着抢球，没有注意到马路上来往的车辆，被一辆汽车撞倒了，这才出现了之前救护车送小狗汪汪来医院的那一幕……

“不能怪你，小熊。是我自己没注意看车。”小狗汪汪躺在床上，安慰着眼泪汪汪的小熊。

“是我不好，我们不应该在马路边玩。”小熊还在检讨着。

“孩子们，你们说得很对。大家还要记住，不要在马路牙子上走，也不要在井盖上或危险的地方行走；过马路时要走人行横道或过街天桥。另外，小朋友最好不要自己过马路，有大人带着才好。”正在查房的山羊大夫被孩子们的真诚和友谊感动了，禁不住叮嘱（zhǔ）起来。

是啊！小狗汪汪流血的教训，大家怎能忘记呢？

不久，森林里的动物朋友们来接小狗汪汪出院了。汪汪把最美丽的花儿送给牧羊犬，好朋友的恩情他要永远铭（míng）记在心里。

朱世芳／图

SOS安全知识要记牢

小朋友应该学习的

小朋友，在马路边踢球非常危险，千万不能学。下面哪些行为是正确的，哪些是错误的？请给正确的打上“√”，错误的打上“×”。

○ 1. 不在马路上奔跑、打闹或是做游戏。

○ 2. 马路两边有人行道，尽量靠左行走。

○ 3. 过马路时走斑马线。

○ 4. 没有斑马线的路口，过马路时要观察左右方向有没有车辆驶近。

爸爸妈妈应该知道的

❶ 父母要及早告诉孩子马路上的安全守则，不在马路上玩耍，过马路走人行道、隧道或过街天桥。

❷ 告诉孩子打伞时，不要让雨伞挡住自己的视线，以免发生危险。

❸ 马路上汽车废气污染严重，孩子个子小，更容易受到废气的侵袭，造成肺部和上呼吸道感染，引起铅中毒。而铅积蓄在人体的骨骼中，会对血液系统、免疫系统、消化系统等产生不良影响，所以，父母应该尽量少带孩子在车流较多的马路上停留。

答案：1.√ 2.× 3.√ 4.√

汽车 地铁 大飞机

安全宣言：遵守乘车规则

放假了，是小兔子最喜欢的暑假！爸爸妈妈老早就说过，暑假要带小兔子去旅行，去美丽的“梦幻岛”。那儿的风景可美了，有碧蓝的大海，有成片的森林……小兔子早就盼着这个假期了！

终于盼到了出发的这一天，小兔子抱着她心爱的绒布小兔，上了爸爸的小汽车。他们要先开车去地铁站，再坐地铁去机场，最后坐飞机到达梦幻岛。

小兔子坐在儿童安全座椅上，不乱动，也不把身体伸出车窗外，妈妈说过，那样做很危险，小兔子记得牢牢的。小汽车飞快地跑到了地铁口。

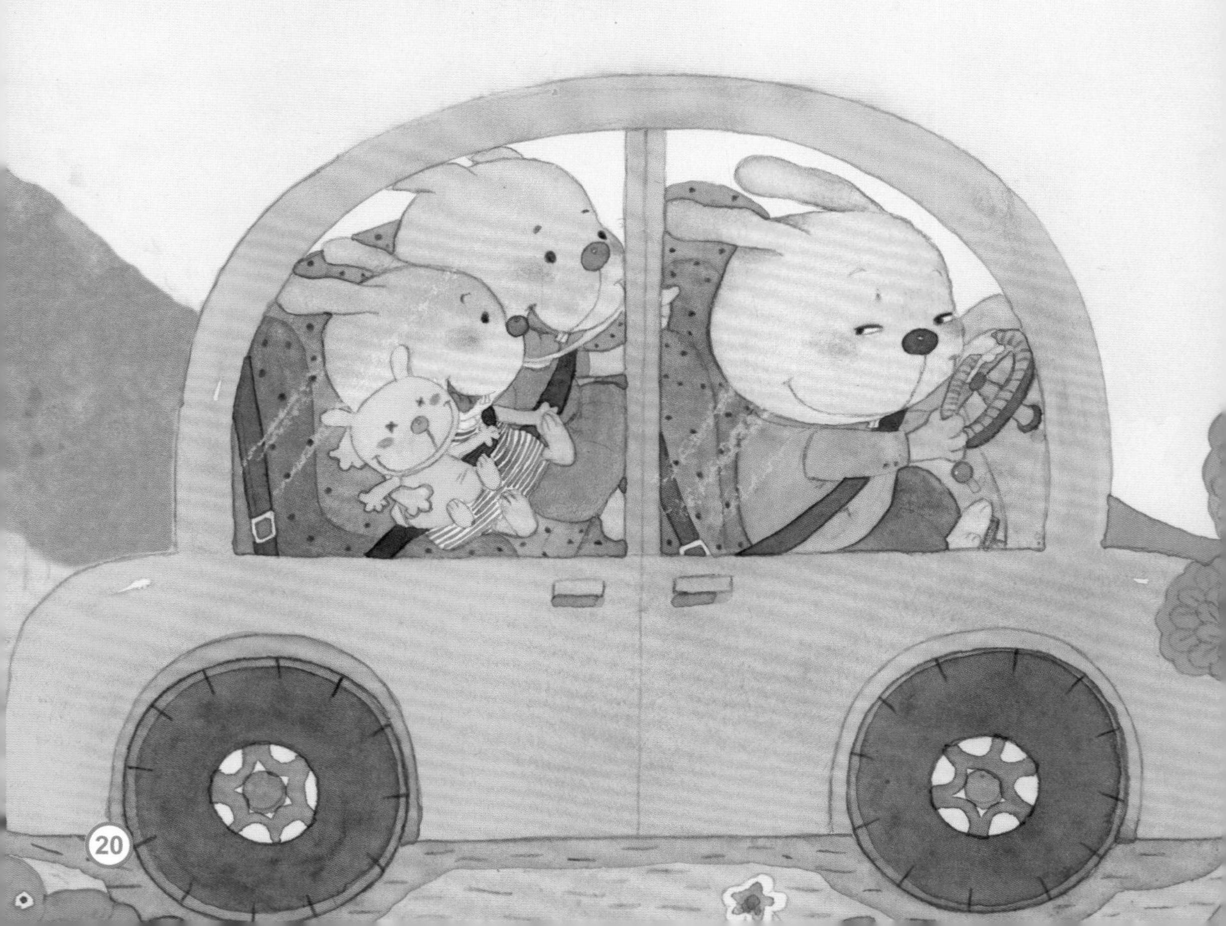

你知道为什么乘地铁时要站在黄线后面候车吗?

地铁里的人真多！爸爸妈妈带着小兔子跟在其他乘客后面，把行李过安检，然后排队候车。

妈妈指着地上一条长长的黄线，对小兔子说：“这是黄色安全线，咱们要在它的后面等车才安全。”

不一会儿，长长的地铁列车开来了！它有好多车厢，每个车厢中间的门都打开来，从车厢里“吐”出好多人。妈妈告诉小兔子：“要让别人先下车，然后再上车，这样才有秩(zhì)序。”小兔子跟着大家走进地铁车厢的时候，她觉得自己好像走进了地铁的肚子里一样！既紧张又好玩。

大家都上了车，车门“嘀嘀嘀”地响了几声，开始关闭。就在这时，小斑马飞快地跑过来，穿过正在关闭的车门，扑进车厢里，车门“咔嚓”一下在他身后合拢了。大家都替他捏了一把冷汗。有人问：“小斑马，你这么着急干什么？多危险啊！”小斑马抹抹汗“嘿嘿”笑：“我跑得快，这不是没事吗……”

小斑马想迈步往前走，咦，怎么走不动？大家一看：“小斑马，你的书包被夹住啦！”

这下可糟糕啦，一根书包带子在外面飘啊飘，要是被隧(suì)道里的框框、钩钩挂住了，那就危险了！小斑马使劲儿扯书包，可是书包带子就是扯不进来。

大家都站起来："我们一起帮帮小斑马！"大家排成一长排，最前面的拉着小斑马，后面的一个拉着一个，嗨哟，嗨哟，拔呀拔……一使劲，小斑马的书包带终于拔出来了！

小兔子偷偷对绒布小兔说："你可不要学小斑马，太危险了！"

地铁终于到站了，小兔子跟着爸爸妈妈出了地铁，走进宽阔的航站楼里。把大包的行李办了托运，一家人一起登上了飞机。

爸爸妈妈帮小兔子系好安全带，小兔子坐在座位上，紧张地等待着飞机起飞。

“嘶(sī)嘶……”飞机发出巨大的喷气声，开始在跑道上移动，慢慢地飞起来。小兔子觉得耳朵里好像被挤压着，很难受。妈妈告诉她：“张开嘴巴！”小兔子照着做，咦，真的好一点了。

接下来，小兔子看到了美丽的云海，吃了好吃的餐点，还美美地睡了一觉。飞机很快到达了梦幻岛上空，小兔子真想大喊一声：“梦幻岛，我们来了！”

草草／图

小朋友应该学习的

小朋友，小斑马的行为很危险，千万不要学。下面哪些行为是正确的，哪些是错误的？请给正确的打上“√”，错误的打上“×”。

○ 1. 乘汽车时，不把头和手伸出窗外。

○ 2. 在行驶中的车上吃烤串。

○ 3. 等地铁到站时，要站在黄线后面。

○ 4. 乘坐飞机时系好安全带。

爸爸妈妈应该知道的

❶ 乘坐公交车时，上车坐好后，父母要让孩子抓牢前面座椅的扶手。

❷ 乘坐地铁时，如果车厢内人很多，可以带孩子等下一班车，不要为了时间挤上地铁，让孩子站在门边，孩子可能会被下车的人流推出车外，非常危险。

❸ 乘坐飞机前，父母不要给孩子吃太多难消化的食物，以免孩子在飞机上身体不适，又不能及时就医。

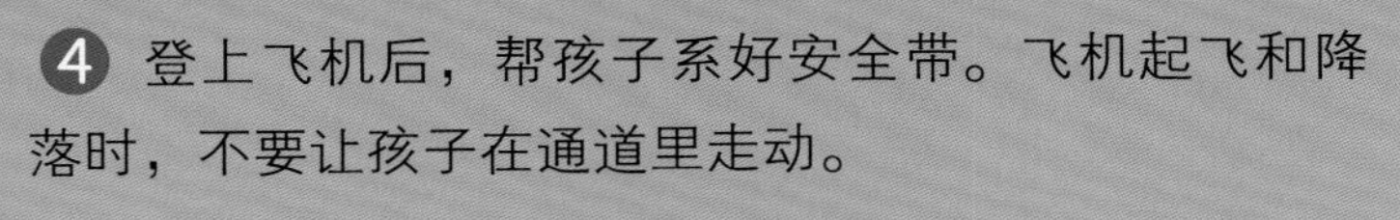
❹ 登上飞机后，帮孩子系好安全带。飞机起飞和降落时，不要让孩子在通道里走动。

答案：1.√ 2.× 3.√ 4.√

安全知识小游戏

小朋友，你认识下面这些安全标识吗？每一个安全标识分别代表什么意思呢？请你连一连吧。

- 禁止跨越
- 禁止吸烟
- 禁止通行
- 禁止翻越

SOS 儿童安全·物品安全

着火的花灯笼

儿童安全教育课题编写组／主编

北京联合出版公司
Beijing United Publishing Co.,Ltd.

图书在版编目(CIP)数据

物品安全：着火的花灯笼 / 儿童安全教育课题编写组主编. -- 北京：北京联合出版公司, 2018.4
（SOS儿童安全）
ISBN 978-7-5596-1694-4

Ⅰ. ①物… Ⅱ. ①儿… Ⅲ. ①安全教育－儿童读物
Ⅳ. ①X956-49

中国版本图书馆CIP数据核字(2018)第022511号

SOS儿童安全·物品安全·着火的花灯笼

主　　编：儿童安全教育课题编写组
策　　划：话小屋
文　　字：林玉萍　西　西　话小屋等
责任编辑：夏应鹏
特约编辑：薛　彬　刘　莹

北京联合出版公司出版
（北京市西城区德外大街83号楼9层　100088）
印刷：北京鑫益晖印刷有限公司
开本：710×1000毫米　1/16　印张：16　字数：80千
2018年4月第1版　2018年4月第1次印刷
ISBN 978-7-5596-1694-4
定价：128.00元（全8册）

平安成长，比成功更重要！
平安成长，让妈妈更放心！

国际上最新颁布的《儿童十大安全宣言》：

1. 平安成长比成功更重要；
2. 背心、裤衩覆盖的地方不许别人摸；
3. 生命第一，财产第二；
4. 小秘密要告诉妈妈；
5. 不喝陌生人的饮料，不吃陌生人的糖果；
6. 不与陌生人说话；
7. 遇到危险可以打破玻璃，破坏家具；
8. 遇到危险可以自己先跑；
9. 不保守坏人的秘密；
10. 必要的时候，坏人可以骗。

中国的儿童安全教育理念，是否也应该与时俱进，与国际同步而行呢？近年来，儿童意外事故时有发生。我们经常能看到一些相关事故的报道，无一不让人心头发颤，惋惜不已。而这其中有相当多的事故是完全可以避免的，悲剧正是因为儿童缺乏自我保护能力和最基本的安全常识导致的。

因此，我们儿童安全教育课题编写组编写了这套SOS儿童安全绘本，融入了国际最新的儿童安全教育理念，以防患于未然为前提，以排除一切可能发生在孩子身边的危险因素、防止意外事故的发生为目标，不仅要让孩子们懂得安全知识，还要让孩子们知道应对危险时的处理方法，以便在危险来临的时候有效地保护好自己。

这套儿童安全课题教材，根据中国以及国际上最新统计的儿童安全多发事件编写，聚焦**24**个安全大主题，**200**多个安全点。包括**“公共安全”“居家安全”“校园安全”“交往安全”“自然安全”“行为安全”“饮食安全”“物品安全”**八大方面，涵盖食品卫生、交通出行、防止意外发生以及意外发生后的处理、面对突发事件的应急处理等多方面的安全问题，指导家长解决最常见的儿童安全自护和安全教育问题。它的题材来源于生活，并以生动的童话故事形式对孩子展开全面的安全自护教育，使安全教育变得生动有效。

让全社会都重视起来，科学、正确地理解和把握安全教育的含义和核心，走出安全教育的误区，让我们的孩子牢记“儿童安全宣言”，让一切不安全的因素远离我们的孩子！让我们的孩子平安成长，让全中国的妈妈更放心！

儿童安全教育课题编写组

2017年12月

目录

物品安全

着火的花灯笼

安全宣言：不玩火

小袋鼠有一个非常漂亮的家，尖尖的顶，大大的窗，宽敞又明亮。大家都爱找小袋鼠玩，房间里经常飞出欢歌笑语。

可是这样美好的画面，从那天起就彻底改变了……

这天，小袋鼠的妈妈不在家，为了给妈妈一个惊喜，小袋鼠从商店买回很多有趣的灯笼，老鼠拜年、鱼儿戏水、金兔报喜……大大小小、花花绿绿、形态各异的灯笼让小袋鼠爱不释(shì)手。他一个一个拉起，又一个一个挂好，就等着天黑点灯笼了。

盼啊！盼啊！终于看着太阳一点点落山，天慢慢黑下来。小袋鼠赶紧给每个灯笼的底座插上蜡烛，再拿打火机一个一个点起来。从灯笼里透出的烛光洒满整个房间，映红了墙，映红了窗，更映红了小袋鼠的面庞(páng)。

？当你需要用到打火机或火柴时，你应该去找爸爸妈妈帮忙，还是自己去拿呢？

小袋鼠叫来了所有好朋友，小熊、小猴、小羊、小象……大家看到这么多美丽的灯笼，兴奋地在一起又唱又跳。只有窗外的猫头鹰摇摇头说：“风儿起，蜡烛倒，灯笼着，危险呀危险。”小袋鼠听见了，不高兴地说：“真扫兴，多嘴的大坏鸟儿，我们正玩得高兴呢！”说完“砰”地关上了窗，猫头鹰只好叹着气飞走了。

大家在灯笼下跳着、闹着，直到阵阵热浪袭(xí)来……小猴惊慌地喊：“着火啦！”原来风儿吹歪了灯笼，蜡烛的火苗舔到了纸做的灯笼壁，一个灯笼引燃了另一个灯笼，灯笼又引燃了墙纸、桌子、床单……一眨眼的工夫，不光是灯笼，小袋鼠家所有的东西都烧着啦。

大家惊慌地向着门窗的方向跑去，小猴低头弯下腰跑，小羊用湿毛巾捂住鼻子，小熊打开窗户，大家连忙跳出窗外。

正在这时，救火车“笛呜——笛呜——”开进了院子。原来，路过的小兔发现了火情，第一时间拨打了119火警电话，消防员犀牛大叔快速来灭火。

大家齐心协力把火扑灭了，可是，小袋鼠家漂亮的房子还是变成了一堆废墟(xū)。

除了119，你还知道哪些紧急电话号码？说一说吧。

消防员犀牛大叔从废墟里找到了一个烧黑的灯笼架："一定是灯笼引发了大火。蜡烛、灯笼、鞭炮都是易燃的物品，使用时要特别小心。要检查屋里有没有明火，大家要记住这个惨痛的教训呀。"

袋鼠妈妈回来，看到这一幕，吓了一大跳，自责不该将小袋鼠一个人放在家。小袋鼠见到妈妈，难过地哭了，真后悔当初没有听猫头鹰的警告。

第二天一大早，街坊邻居齐动手，给小袋鼠造了一座新房子。消防员犀牛大叔还特意教了大家怎么建房子的消防通道。

小袋鼠又高兴，又感动。他请了所有的好朋友到新家来玩，当然，没有忘记打119的小兔，还有提前“报警”的猫头鹰。

朱世芳／图

SOS安全知识要记牢

小朋友应该学习的

小朋友绝不能玩火，无论你是点燃了一张纸片还是一根蜡烛，都可能引发一场大火。万一发生了火警，下面哪些做法是正确的，哪些是错误的？请给正确的打上“√”，错误的打上“×”。

○ 1. 如果火势较小，就赶快用水扑灭；如果火势大，就立即打119，告诉接线员你在什么地方，得到确切的答复后，再挂电话。

○ 2. 用湿毛巾捂住自己的嘴和鼻子，防止吸入有毒气体。

○ 3. 如果火已经烧到身上了，赶紧在地上打滚，把火压灭。

○ 4. 不要乘电梯逃生。

爸爸妈妈应该知道的

1. 教给孩子火灾中基本的逃生常识，让孩子熟记火警电话。
2. 告诉孩子，发生火灾时，保护自己才是最重要的，可以自己先跑，这样不是不勇敢；也可以打破玻璃或是破坏家具，如果它们阻碍了自己逃生。
3. 火柴和打火机是孩子最容易接触到的火种，父母一定要把这些“危险品”放在孩子拿不到的地方。
4. 父母外出前，一定要关闭煤气阀门，不要留下火种，不要把孩子单独留在家。

答案：1.√2.√3.√4.√

过春节

安全宣言：不自己放鞭炮

放寒假啦，小老虎好高兴，今年的春节，小老虎要回老家跟爷爷奶奶一起过。爸爸妈妈带着小老虎坐上了长途车，小老虎终于到了爷爷奶奶家。爷爷奶奶可想他啦，抱着他亲了又亲。

往后的每一天，奶奶都会变着花样给小老虎做好吃的：辣子鸡、锅包肉、粉蒸(zhēng)排骨、水煮肉片……小老虎吃得小肚子溜圆。爷爷呢，隔三岔五地给他买零食。这一天，小老虎吃了一大把烤肉串、一大碗麻辣烫(tàng)，还吃了两个冰激凌。

到了晚上，小老虎就拉肚子了，难受得直哼哼。爸爸妈妈赶紧把小老虎送到医院，一检查，原来是暴饮暴食，消化不良。这下小老虎再也不敢胡乱吃东西了。

除夕夜到了，广场上有好多人在放烟花，到处都是闪烁的火光，小老虎拽(zhuài)着爷爷奶奶和爸爸妈妈，一起来到广场空地上。

爸爸用竹竿挑着一长串鞭炮放起来，声音震天响。小老虎兴奋得又蹦又跳，好想自己也来放一串，可是妈妈拽着他，不让他靠得太近，还用手帮他捂着耳朵。爷爷放了好几个大炮筒一样的烟花，烟花“啾(jiū)啾”地鸣叫着冲上天，“啪”地炸开成一朵朵灿烂的花，小老虎好想自己也放一个，可是奶奶不许。最后，小老虎只能拿着两根“呲花”，点着了以后，“滋滋”地冒着小火星。

唉，小老虎有点蔫蔫的。

邻居家的小狮子来找小老虎，小狮子神神秘秘地对小老虎说：“跟我们去玩怎么样？小牛、小羊、小山猫都在那边等着呢！”小老虎挺高兴：“好呀！”

几个小伙伴聚在一起，小狮子掏出一把小鞭炮来：“想不想放鞭炮？”小山猫第一个说：“爸爸妈妈不让我放鞭炮。”小羊笑话他：“胆小鬼，不像小猫，像小老鼠！”小山猫生气了：“我才不是小老鼠！放就放！”

小狮子把鞭炮分给大家。小老虎开始点鞭炮，点火的时候，他还有点害怕，鞭炮点着了，手一抖，赶紧扔了出去，哎呀，差点儿扔到小狮子的头上！鞭炮“啪”地擦着小狮子的长头发飞过去了，小狮子也吓一跳，赶紧喊：“哎，不能把鞭炮往别人身上扔啊！”小老虎赶紧答应。

大家都往没人的黑影里扔鞭炮，“乒乒乓乓”真热闹！几个小家伙乐得哈哈笑。

咦，这次扔出去的小炮怎么没响？小老虎跑过去看，刚凑到跟前，鞭炮就炸开了，崩(bēng)到了小老虎的手上，好疼好疼！小老虎还没来得及哭，小牛在那边“哇哇”地叫起来，原来，小山猫不小心把鞭炮扔到了小牛身上，鞭炮上的火星点着了小牛的大棉衣。小牛吓得乱跑乱撞，小山猫和小羊被追得四处躲，小狮子在后面追着喊：“快把棉衣脱掉！”小牛这才想起来脱棉衣，还好里面的毛衣没有烧着，不然就惨啦。

大家气喘吁(xū)吁停下来，小山猫、小羊累得吐舌头，小狮子头发乱蓬(péng)蓬，小老虎的手流着血，小牛身上脏兮兮。

唉，大家互相看看，真狼狈(bèi)！小山猫轻轻地说：“也许，我们真不该偷偷放鞭炮……太危险了。”几个小家伙听了，悄悄地把手里的小鞭炮扔到了地上。

杨磊／图

小朋友应该学习的

小朋友，小狮子他们偷偷放鞭炮是不对的，千万不要学。下面哪些行为是正确的，哪些是错误的？请给正确的打上“√”，错误的打上“×”。

○ 1. 把点燃的鞭炮扔向人群。

○ 2. 吃食物时细嚼慢咽。

○ 3. 朋友叫你放烟花，礼貌地拒绝。

○ 4. 见到喜爱的食物，即使很饱了仍不停地吃。

爸爸妈妈应该知道的

❶ 家长要购买有质量保证的烟花爆竹，告诉孩子放鞭炮的自我保护知识，掌握一些意外发生时的应对措施。

❷ 鞭炮炸伤多见于手部、面部。面部被炸伤时，首先要检查眼睛情况，如果无肿胀、无伤口，用冷毛巾湿敷可缓解不适。如果眼部受伤或伤及眼球，不要擅自处理，更不要挤压眼部，赶快到医院就诊。

❸ 烟花燃烧时，会发出白炽的强光，观看烟花应保持“宜远不宜近”的原则，以免强光刺激眼睛。燃放烟花爆竹时会产生二氧化硫、一氧化氮等气体，对人的呼吸系统、神经系统、心血管系统有一定的刺激，所以，婴幼儿和老人以及有呼吸道疾病的人要远离烟火弥漫的环境。

❹ 放烟花、鞭炮，会对听力产生影响，严重者还可能发生爆震性耳聋，所以，在燃放鞭炮时，张大嘴的同时捂住耳朵，能最大限度减少噪声对耳膜的刺激。

答案：1.× 2.√ 3.√ 4.×

兔兔家

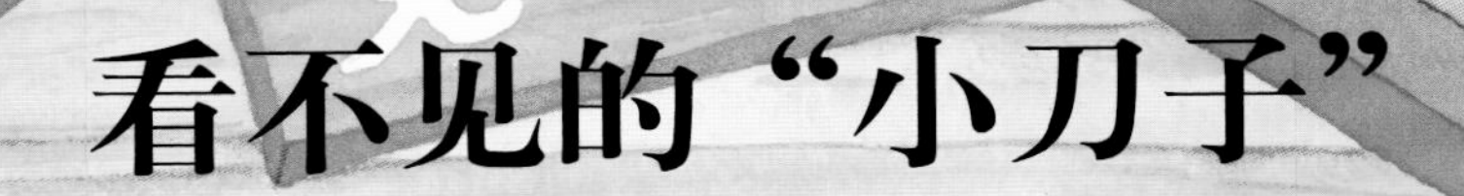

看不见的“小刀子”

安全宣言：翻书别被纸“咬”到

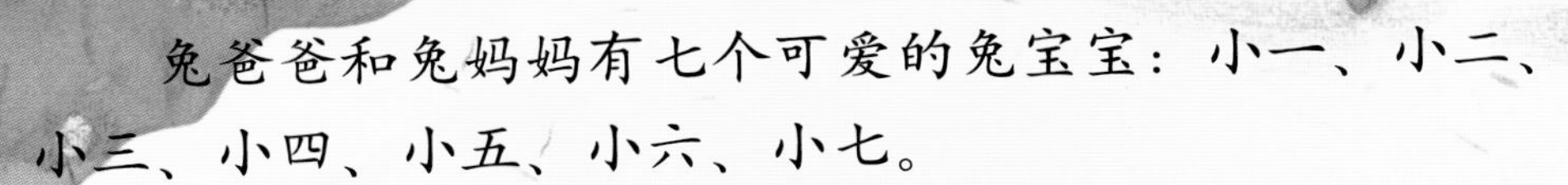

兔爸爸和兔妈妈有七个可爱的兔宝宝：小一、小二、小三、小四、小五、小六、小七。

这天，兔爸爸和兔妈妈要出门去，留下七个兔宝宝在家，爸爸妈妈让最大的兔小一照顾弟弟妹妹们。兔小一已经上小学了，她很能干，瞧，她稳稳地对爸爸妈妈说：“爸爸妈妈放心，我一定照顾好弟弟妹妹们！”

爸爸妈妈走了，兔小一开始安排弟弟妹妹们。她不慌不忙地问：“现在是游戏时间。你们想玩什么？”

“玩橡皮泥！”“玩剪纸！”“我要听故事！”……六个小兔子一起喊起来，哇，好吵好吵。

兔小一赶紧说：“一样一样来。谁要玩橡皮泥？”兔小二和兔小三跳出来。

“谁要玩剪纸？”兔小四和兔小五跳出来。

“谁要听故事？”兔小六和兔小七跳出来。

哈，这下清楚了。兔小一给小二小三准备了橡皮泥；给小四小五准备了漂亮的手工纸和安全小剪刀；给小六小七拿来了图画书，轻轻念给他们听。大家都有自己的事情做，屋子里好安静。

忽然兔小二叫起来：“姐姐，姐姐，我要一把水果刀！”“要水果刀干啥？”“我们在做饭，兔小三做了橡皮泥饼，我要切橡皮泥面。”

兔小一笑起来，她找到一把塑料小刀，递给兔小二：“水果刀有刃会划手，用这个切橡皮泥就可以。”

过了一会儿，兔小五叫起来：“姐姐，姐姐，兔小四都剪了好几个胡萝卜了，可她老拿着小剪刀，不给我用！姐姐你帮我找一把大剪刀，比兔小四的小剪刀还厉害！”

兔小一赶紧过去看：“大剪刀是爸爸妈妈用的，小五的手小小的，应该用小剪刀。小四，游戏应该大家轮流玩，你已经玩了好久了，把小剪刀给小五好不好？”小四嘟着嘴，把小剪刀递给了兔小五。

那边，没人给兔小六和兔小七讲故事了，两个小家伙自己看。兔小六看得快，兔小七还没看完，兔小六着急就去翻，两个人抢起图画书来。

忽然，兔小六不抢了，伸着手哭起来："哇哇哇！"兔小一赶紧过来看："怎么了？"

兔小六伸出手指头，上面有道小口子，流血了！兔小六哇哇哭，兔小七赶紧说："姐姐，不是我干的！兔小六的手被小刀子割了，是看不见的小刀子！"真有看不见的小刀子吗？兔小一皱着眉头看看周围。

几个兔宝宝都跑过来了，他们围着兔小六七嘴八舌地说："小六，你疼不疼？""用嘴巴吮(shǔn)吮就好了！""不对，应该用酒精擦！"兔小一说："家里没有酒精啊。对了，我记得书上说过，可以用肥皂水清洗！"

兔小一带兔小六清洗了伤口，给他涂上消炎药水，又用纱布包起来，还在上面打了一个蝴蝶结。兔小六终于不哭了。

你知道兔小六是怎么划伤的吗？

草草／图

这时，兔小一也发现了那把看不见的“小刀子”。她举起图画书：“是图画书里的纸划破了小六的手。纸边有时候也很锋利，特别是这种滑滑的、硬硬的纸。你们以后翻书的时候要小心哦。”

原来是这样啊！几个兔宝宝齐声说：“我们知道了！”

SOS安全知识要记牢

小朋友应该学习的

小朋友，玩游戏时，一不留意就容易发生意外，所以我们要小心。下面哪些行为是正确的，哪些是错误的？请给正确的打上“√”，错误的打上“×”。

○ 1. 看图书时，小心地翻书页。

○ 2. 用锋利的小剪刀剪纸。

○ 3. 用小胶刀切泥胶做手工。

○ 4. 用脏脏的小手挤或者摸受伤的部位。

爸爸妈妈应该知道的

孩子在使用剪刀等工具，或触摸纸边儿、打碎玻璃器具时，都可能会划破手。家长一定要注意，将有潜在危害的物品放在孩子接触不到的地方，例如尖刀、玻璃瓶等。当孩子年龄增大到可以使用刀及剪刀时，要教会他正确的使用方法。一旦发生割伤，首先要仔细观察伤口：

❶ 如果只是轻微的擦伤、划伤，用清水冲洗伤口周围的污物，贴上创可贴即可。

❷ 如果伤口在流血，应先用干净的纱布或手帕等压迫伤口止血，血止后涂上碘伏、酒精等消毒，再用纱布包扎。

❸ 如果流血不止，应在压迫的纱布或手帕上再覆盖一块继续加压止血，并立即带孩子去医院。

❹ 如果是被脏的或者是生锈的锐器割伤，也应及时带孩子去医院处理。

答案：1.√ 2.× 3.√ 4.×

安全知识小游戏

小朋友，你认识下面这些安全标识吗？每一个安全标识分别代表什么意思呢？请你连一连吧。

• 火警电话

• 禁止放鞭炮

• 禁止拍照

SOS儿童安全·居家安全

厉害的电

儿童安全教育课题编写组／主编

北京联合出版公司
Beijing United Publishing Co.,Ltd.

图书在版编目(CIP)数据

居家安全：厉害的电 / 儿童安全教育课题编写组主编. -- 北京：北京联合出版公司, 2018.4
（SOS儿童安全）
ISBN 978-7-5596-1694-4

Ⅰ. ①居… Ⅱ. ①儿… Ⅲ. ①家庭安全 – 儿童读物 Ⅳ. ①X956-49

中国版本图书馆CIP数据核字(2018)第022489号

SOS儿童安全·居家安全·厉害的电

主　　编：儿童安全教育课题编写组
策　　划：话小屋
文　　字：林玉萍　西　西　话小屋等
责任编辑：夏应鹏
特约编辑：薛　彬　刘　莹

北京联合出版公司出版
（北京市西城区德外大街83号楼9层　100088）
印刷：北京鑫益晖印刷有限公司
开本：710×1000毫米　1/16　印张：16　字数：80千
2018年4月第1版　2018年4月第1次印刷
ISBN 978-7-5596-1694-4
定价：128.00元（全8册）

平安成长，比成功更重要！
平安成长，让妈妈更放心！

国际上最新颁布的《儿童十大安全宣言》：

1. 平安成长比成功更重要；
2. 背心、裤衩覆盖的地方不许别人摸；
3. 生命第一，财产第二；
4. 小秘密要告诉妈妈；
5. 不喝陌生人的饮料，不吃陌生人的糖果；
6. 不与陌生人说话；
7. 遇到危险可以打破玻璃，破坏家具；
8. 遇到危险可以自己先跑；
9. 不保守坏人的秘密；
10. 必要的时候，坏人可以骗。

中国的儿童安全教育理念，是否也应该与时俱进，与国际同步而行呢？近年来，儿童意外事故时有发生。我们经常能看到一些相关事故的报道，无一不让人心头发颤，惋惜不已。而这其中有相当多的事故是完全可以避免的，悲剧正是因为儿童缺乏自我保护能力和最基本的安全常识导致的。

因此，我们儿童安全教育课题编写组编写了这套SOS儿童安全绘本，融入了国际最新的儿童安全教育理念，以防患于未然为前提，以排除一切可能发生在孩子身边的危险因素、防止意外事故的发生为目标，不仅要让孩子们懂得安全知识，还要让孩子们知道应对危险时的处理方法，以便在危险来临的时候有效地保护好自己。

这套儿童安全课题教材，根据中国以及国际上最新统计的儿童安全多发事件编写，聚焦**24**个安全大主题，**200**多个安全点。包括**“公共安全”“居家安全”“校园安全”“交往安全”“自然安全”“行为安全”“饮食安全”“物品安全”**八大方面，涵盖食品卫生、交通出行、防止意外发生以及意外发生后的处理、面对突发事件的应急处理等多方面的安全问题，指导家长解决最常见的儿童安全自护和安全教育问题。它的题材来源于生活，并以生动的童话故事形式对孩子展开全面的安全自护教育，使安全教育变得生动有效。

让全社会都重视起来，科学、正确地理解和把握安全教育的含义和核心，走出安全教育的误区，让我们的孩子牢记“儿童安全宣言”，让一切不安全的因素远离我们的孩子！让我们的孩子平安成长，让全中国的妈妈更放心！

儿童安全教育课题编写组

2017年12月

目录

居家安全

危险的躲猫猫

安全宣言：不藏在危险的地方

猪阿姨和猫妈妈是一对好邻居。

一天，猫妈妈要去医院看病。猪阿姨知道后主动来帮忙照看猫宝宝。猪阿姨可喜欢邻居家这几个猫宝宝啦！小黄、小白、小灰、小黑还有小花，小家伙们都长得很漂亮，尖尖的耳朵，大大的眼睛，模样真可爱！

猪阿姨暗自下定决心，一定要好好照顾猫宝宝。

猪阿姨先带着猫宝宝们看《咪咪宝贝》故事书，她讲故事像在读报纸，听得大家哈欠连天，小花“呼噜呼噜”睡着了。

淘气的小黄坐不住了，他把细草捅进猪阿姨的鼻孔，害得猪阿姨直打喷嚏(pēn tì)；小白又去挠猪阿姨的脚心，痒得她乱踢乱蹬；小灰揪(jiū)猪阿姨的耳朵；小黑骑在猪阿姨的脖子上……小花也醒了，干脆用临时妈妈的大肚皮当滑梯。

猪阿姨可没想到这群小家伙这么淘气，好不容易才挣扎着站起来，叉着腰大喊一声：“别闹啦，我闭上眼睛数到三，大家快藏好，我们来玩捉迷藏。”说完坐在椅子上捂住了眼睛。

猫宝宝们最爱玩捉迷藏啦，立刻四散躲起来。小黄躲到门后，小白藏进柜子，小灰跳进洗衣机，小黑爬进大塑(sù)料袋，小花竟然钻进了冰箱！

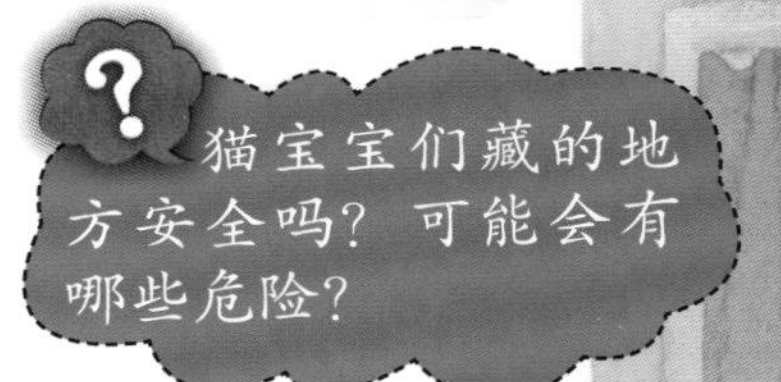

猪阿姨呢，看到没有人再捣乱，终于松了一口气，闭着眼睛打起盹(dǔn)儿来，却不知道小猫们正身处危险之中。

柜子里的小白，在黑暗里闷得喘不上气。

小黑在塑料袋里憋得脸色发白。

洗衣机里的小灰，跳也跳不出来，急得直叫。

冰箱里的小花，更是上牙下牙直打架，快冻成冰棍了……

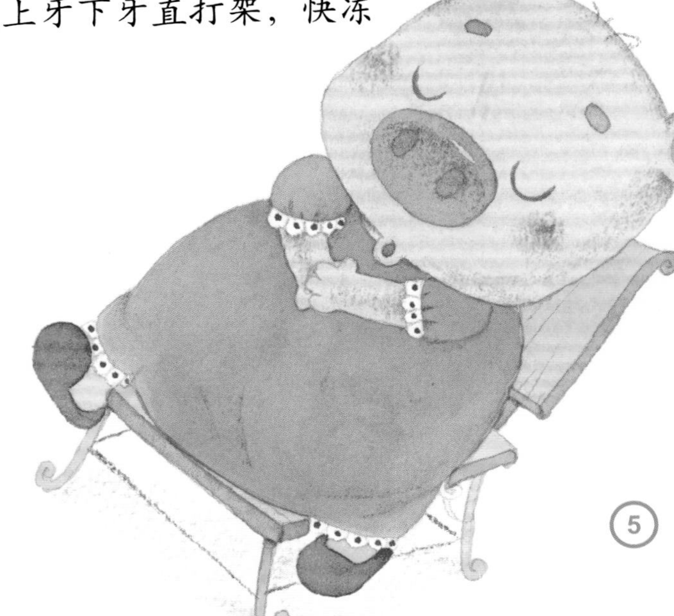

“宝宝们，妈妈回来了。”猫妈妈一推门，重重地夹到了躲在门后面的小黄，小黄大哭起来。猫妈妈抱起小黄，四处一看，宝宝们都不见了。

被惊醒的猪阿姨和猫妈妈一起边喊边找：“小白、小黑、小灰、小花，你们在哪儿？”

“妈妈我在这儿。”猫妈妈从洗衣机里抱出小灰，幸好没有插电，否则后果难以想象。

“妈妈我在这儿。”猫妈妈又顺着微弱的声音找到了柜子里的小白和塑料袋里的小黑。

猪阿姨在冰箱里发现了快冻僵的小花。猫妈妈赶紧给小白和小黑做人工呼吸，而猪阿姨呢，手忙脚乱地用棉被裹(guǒ)住小花，给他喝下热水，猫宝宝们总算都脱离了危险。

草草/图

猪阿姨惭愧（cán kuì）地对猫妈妈说："都怪我，我不知道家里也有这么多潜在的危险。"

猫妈妈说："是啊，宝宝们在室内活动要很小心，不要站在门后，很容易挤伤；也不要钻进柜子、塑料袋里，容易窒（zhì）息；更要远离电源和电器。"

猫妈妈问猫宝宝们："记住了吗？"

"阿嚏！"小花打了个大喷嚏，"记住了。"几个猫宝宝一齐点了点头。

猪阿姨感慨地说："当妈妈真是不容易呀！"

小朋友应该学习的

小朋友，捉迷藏的时候，要注意安全。以下这些地方可以躲藏吗？如果你认为可以躲藏，请打上“√”；如果你认为不可以，请打上“×”。

○ 1. 躲在汽车后面。

○ 2. 躲在门后面。

○ 3. 躲在衣柜里。

○ 4. 钻进狭窄的地方，如墙缝等。

爸爸妈妈应该知道的

孩子喜欢玩捉迷藏的游戏，但是无论是跟家长玩，还是跟其他小朋友一起玩，都暗藏着危险。作为父母，要注意以下几点：

❶ 应该提醒孩子，哪些场所是捉迷藏的时候不能去的，并要为孩子分析，去这些地方可能发生的危险。

❷ 父母和孩子玩捉迷藏时，不要为了让孩子找不到自己，就藏到不安全的地方，给孩子做不好的示范。如，不要钻到柜子里，孩子力气小，很可能因为推不开柜门在里面窒息。不要爬到高处，孩子模仿时容易摔伤等。

❸ 孩子和其他小朋友一起玩捉迷藏时，如果家长在场，不要让孩子远离自己的视线，以免发生危险。

答案：1.× 2.× 3.× 4.×

厉害的电

小鳄鱼喜欢和灰翅膀小麻雀一起玩，小麻雀最爱叽叽喳喳、蹦来跳去，一会儿也安静不下来。

小鳄鱼不喜欢说话，小麻雀喜欢说话，小鳄鱼就听小麻雀说话。

这天，小麻雀又在叽叽喳喳：“今天我遇到猫头鹰和小松鼠啦。他们在比谁的胆子大，猫头鹰说他不怕黑，敢晚上出来捉老鼠，胆子最大；小松鼠说他敢从树上往下跳，胆子最大。这怎么能算胆子大？猫头鹰本来就是白天睡觉，晚上活动；小松鼠有大尾巴，能当降落伞用，从树上往下跳当然没事啦。”

小麻雀接着说：“我敢在电线上走钢丝，我的胆子才最大。小鳄鱼，你说是不是？”

小鳄鱼说：“你的胆子是很大。可是，在电线上玩，太危险了，万一电线上的塑料皮破了，你就会触电了。”

小麻雀说：“电有什么可怕？我才不怕！不信你看——”小麻雀拿起一根小铁棍，要去捅电源插座上的小眼。

小鳄鱼赶紧去拦他：“别碰插座，有危险……”

可是，小麻雀已经把小铁棍插进了插座里。“啪”的一声，小麻雀被电得弹出去，几根羽毛飞上天，躺在地板上一动不动了。

小鳄鱼吓坏了，赶紧去看小麻雀：“小麻雀，小麻雀？”还好，小麻雀还有呼吸。

小鳄鱼喊了好久，小麻雀终于迷迷糊糊醒了过来：“我怎么了？好疼啊，好像被谁打了一顿。”小麻雀举起翅膀看一看：“哎呀，我翅膀尖上最漂亮的几根羽毛呢？呜呜，我漂亮的羽毛啊……”

小鳄鱼哭笑不得：“别惦记你的羽毛了，你现在要好好休息。我送你回家！”小麻雀伤得不轻，得好好躺一段时间了。

晚上，鳄鱼妈妈下班了，小鳄鱼把今天发生的事情告诉了妈妈。妈妈想了想，拿来一本图画书，和小鳄鱼一起看。书的名字就叫《厉害的电》。

妈妈说：“小鳄鱼，今天你做得很对，不能碰电源插座。不过，妈妈以前只告诉你不能碰，没告诉你为什么，今天咱们一起来看看这本书吧！”

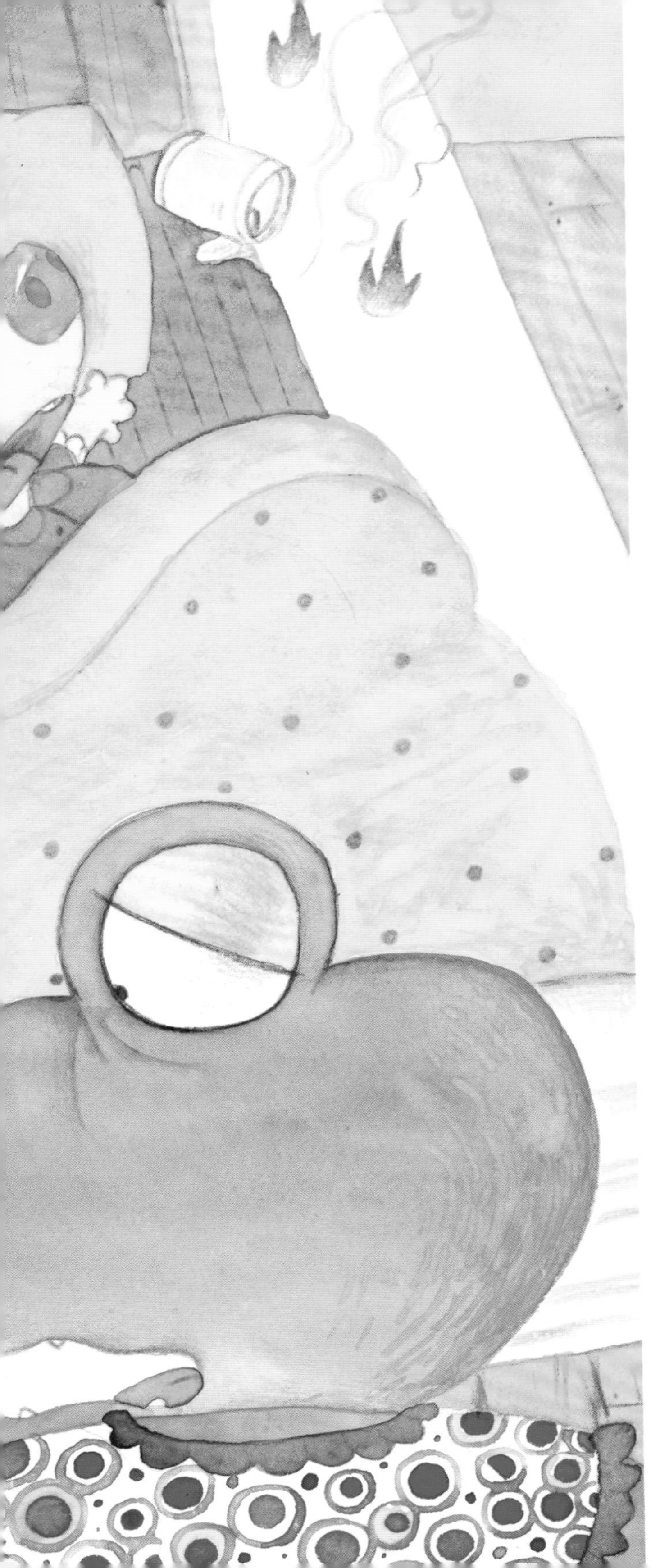

“瞧，我们的生活里到处都要用电，电的能量很大。它沿着我们设定好的路线——电线老老实实走的时候，能帮我们做很多事，电视、电冰箱……都离不开它。

可是，我们不能去捅电源插座、乱动电灯泡，也不能用湿手去摸开关……有一次，一个小朋友在电热毯上喝饮料，把电热毯弄湿了。结果，晚上用电热毯的时候，电从电热毯里跑出来，引起了火灾，小朋友受了很重的伤。可不能给电做坏事的机会啊。”

小鳄鱼点点头：“妈妈，我知道了！明天我拿这本书去给小麻雀讲一讲，以后，他也不会再让电做坏事了！”

草草／图

小朋友，小麻雀的行为十分危险，千万不能学。下面哪些行为是正确的，哪些是错误的？请给正确的打上“√”，错误的打上“×”。

◯ 1. 发现家里的电线破了时，及时告诉爸爸妈妈。

◯ 2. 见到掉在路上的电线，好奇地靠近观察。

◯ 3. 不用湿手或是湿布碰正在工作的电器。

◯ 4. 把手伸进插座的孔里。

爸爸妈妈应该知道的

❶ 教孩子认识电的标志，让孩子在看到类似的标志时，要提高警惕，避免触电。

❷ 在儿童活动空间内，家中应尽量避免使用落地的电器，以免孩子绊倒后触电。

❸ 父母在调试或维修电器时，最好不要让孩子在场，避免孩子日后模仿。

❹ 购买插座时，应该选择带有多重开关或保险装置的，不要贪图便宜购买不合格的插座，安全隐患非常大。

❺ 父母应该告诉年龄小的孩子，遇到有人触电时，要立即呼喊大人来帮忙，不要自己营救。对于较大的孩子，父母可以告知家中电源总开关的位置，让孩子学会在紧急情况下关掉总电源。

答案：1.√ 2.× 3.√ 4.×

臭臭的味道

安全宣言：不去厨房玩

小鼹(yǎn)鼠最喜欢看妈妈做饭。妈妈的手动得飞快，“嚓嚓嚓”切青菜，“咚咚咚”剁肉，“哧(chī)啦哧啦”翻炒，一会儿工夫，一盘盘香喷喷的菜就端上桌了。哎呀，简直像变魔术一样！

妈妈在厨房做饭，小鼹鼠在外面探头探脑。

“妈妈妈妈，我来给你帮忙好不好？”

“不用了，小孩子不能进厨房。”

“为什么小孩子不能进厨房？”小鼹鼠跑到妈妈身边问道。

“厨房里有些东西，对小孩子来说不安全。瞧，菜刀很锋利，容易割伤手；灶上的火苗也很危险，还有啊，炒菜的时候，可能会蹦出来油星子，溅到手上可疼了！最重要的是，咱们用的是煤气，厨房里的这些开关可不能乱摸，万一煤气泄漏，会有生命危险！”

小鼹鼠吃惊地睁大了眼：“啊，这么吓人？”

妈妈说：“是啊。所以你一定要记住，不能碰厨房里的这些按钮、开关。还有，煤气泄漏的时候，有一种臭臭的味道，要是你在屋子里闻到了臭臭的味道……”妈妈叮嘱了小鼹鼠好多话，小鼹鼠牢牢地记在心里。

厨房里有哪些危险的东西？你能说出三种来吗？

这天，小鼹鼠和小兔子一起去小河狸家玩。三个小伙伴来玩过家家。小鼹鼠扮演妈妈，在“厨房”里一边炒菜，一边叮嘱小兔子：“宝贝站远一点，小心油溅出来烫伤手！”“乖，在外面等会儿啊，菜马上就炒好了，小孩子不能进厨房！”

哈哈，小鼹鼠扮演的“妈妈”真像，两个小伙伴都夸他。

玩了一会儿，三个小伙伴又来玩捉迷藏。这次轮到小鼹鼠找，小兔子和小河狸藏。

小兔子想：躲到哪里好呢？小鼹鼠说小孩子不能进厨房，他肯定不会到厨房找，就躲在厨房里！

小兔子悄悄钻进厨房，把门关得严严的。厨房里的东西真多呀，他摸摸这儿，碰碰那儿，不知不觉走到了煤气灶旁边，小兔子想起妈妈做饭的时候，把煤气灶上那个圆圆的钮一旋，就有蓝色的小火苗跳出来。趁着没人，他也来试一试，小兔子拧住煤气灶上那个圆圆的钮，一旋——咦，怎么没有火苗冒出来？唉，真没劲！

小兔子怎么了？

小兔子钻到饭桌下，长长的桌布正好挡着自己，小鼹鼠肯定找不到！

小鼹鼠找啊找，找到了小河狸；接着找啊找，却找不到小兔子。小兔子藏到哪儿去了呢？忽然，小鼹鼠闻到一股臭臭的味道……

臭臭的味道？坏了！小鼹鼠想起妈妈说过的话，赶紧推开厨房门，臭臭的味道迎面扑来！小鼹鼠喊道：“小河狸，快把房间里的门窗全打开！”小鼹鼠跑过去关上了煤气灶的开关。

啊，小兔子在那儿！桌子底下有一团小绒球，是小兔子的短尾巴！小鼹鼠把小兔子拖出来，哎呀，小兔子一动不动，脸红红的，已经昏迷了！小鼹鼠赶紧和小河狸一起，把小兔子抬到屋外通风的地方。

张卫东/图

小河狸打电话叫来了救护车，小兔子在被抬上救护车之前，终于醒了过来。他好难受啊，医生说："幸好发现得早，现在问题不大。要是再晚点就危险了！"

小兔子用虚弱的声音对小鼹鼠和小河狸说："谢谢你们救了我！"

小鼹鼠和小河狸说："我们是朋友啊，互相帮助是应该的。"

以后可不要再碰煤气灶了！这点，小鼹鼠没说，不过小兔子一定已经记住了！

SOS安全知识要记牢

小朋友应该学习的

小朋友，记住任何时候都不要进入厨房玩。下面哪些行为是正确的，哪些是错误的？请给正确的打上“√”，错误的打上“×”。

◯ 1. 拧煤气炉上的开关。

◯ 2. 不入厨房玩。

◯ 3. 当闻到臭臭的味道时，立刻告诉大人。

◯ 4. 不摸菜刀和剪刀等利器。

爸爸妈妈应该知道的

万一孩子发生煤气中毒时，要马上采取以下急救措施：

❶ 立刻把孩子抱到空气流通的地方，尽快松开领口和腰带，使其呼吸不受任何限制，吸入新鲜空气，排出二氧化碳。

❷ 症状轻的，可以喝些热浓茶，这样不但可以抑制恶心，而且有助于减轻头痛，一般1~2小时即可恢复。

❸ 如果孩子恶心、呕吐不止，神志不清以致昏迷，立刻致电120。

❹ 如果昏迷时间较长，孩子可能会受到不同程度的大脑损伤。要尽可能清除孩子口中的呕吐物或痰液，将头偏向一侧，以免呕吐物阻塞呼吸道引起窒息。

答案：1.× 2.√ 3.√ 4.√

安全知识小游戏

小朋友，你认识下面这些安全标识吗？每一个安全标识分别代表什么意思呢？请你连一连吧。

当心触电

禁止烟火

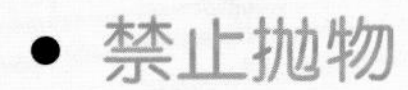

禁止抛物

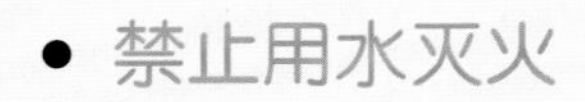

禁止用水灭火